누구나 읽을 수 있는

뉴턴의 프린키피아

정완상 지음

Principia

Isaac Newton

과학정원

서문

뉴턴의 위대한 저서인 프린키피아(자연철학의 수학적 원리)는 뉴턴의 위대한 모든 발견을 집대성한 책이다. 이 책에는 미분과 적분의 원리, 뉴턴의 운동법칙, 케플러의 법칙의 증명, 만유인력의 발견 등, 뉴턴 하면 떠오르는 모든 업적들이 들어있다.

뉴턴의 프린키피아는 처음 라틴어로 쓰여졌고 뒤에 영어로 번역되었다. 뉴턴의 프린키피아는 일반 독자들이 이해하기에는 상당히 어렵게 기술되어 있다. 그것은 뉴턴이 기호를 사용하는 것 보다는 기하학의 원리에 충실한 증명 방법을 이용했기 때문이다. 아마도 뉴턴은 유클리드의 『원론』을 완벽하게 이해한 것처럼 보인다. 그래서인지 프린키피아의 구성도 『원론』처럼 정의와 정리와 따름정리들로 이루어져 있다. 유클리드의 『원론』의 내용은 우리가 중학교에서 배우는 기하학이다.

프린키피아에는 많이 문제들과 그 문제에 대한 뉴턴의 해법이 주어져 있다. 하지만 어떤 문제들은 일반인들의 수준을 훨씬 넘기기 때문에 누구나 읽을 수 있게 하는데는 어려움이 있어서 이 책에는 넣지 않았다. 프린키피아의 모든 내용을 보고 싶은 사람에게는 교우사에서 번역된 『프린키피아』를 참고하기 바란다.

이 책은 프린키피아의 내용 중에서 누구나 알고 싶어하는 내용들, 예를 들면 미분과 적분은 어떻게 발견되었는가? 만유인력의 법칙은 왜 거리의 제곱에 반비례하는가? 하는 문제들을 뉴턴이 어떻게 알아냈는가에 초점을 맞추었다.

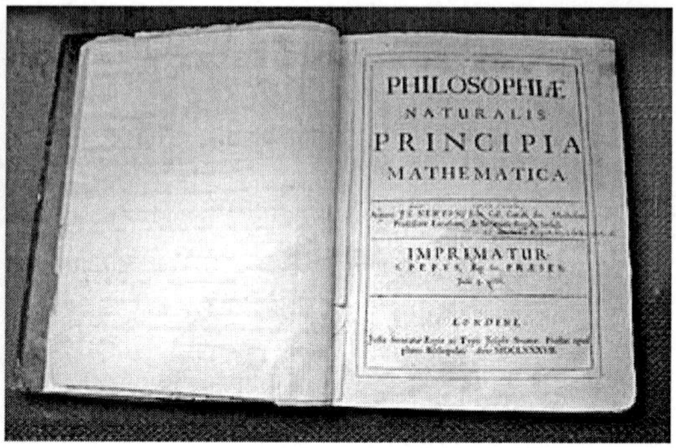

프린키피아에는 상당히 많은 그림이 나오고 뉴턴은 그림을 통해 법칙을 증명하려 했다. 이 책은 프린키피아 보다 훨씬 더 많은 그림이 나온다. 그것은 이 책의 목적이 누구나 읽을 수 있는 프린키피아이기 때문이다.

이 책을 쓰면서 뉴턴이 얼마나 위대한 과학자이자 수학자인지를 더욱 알게 되었고, 이런 멋진 책을 쓸 수 있게 해준 교우사에 감사한다.

진주에서 정완상

Contents

>>>차 례

Contents

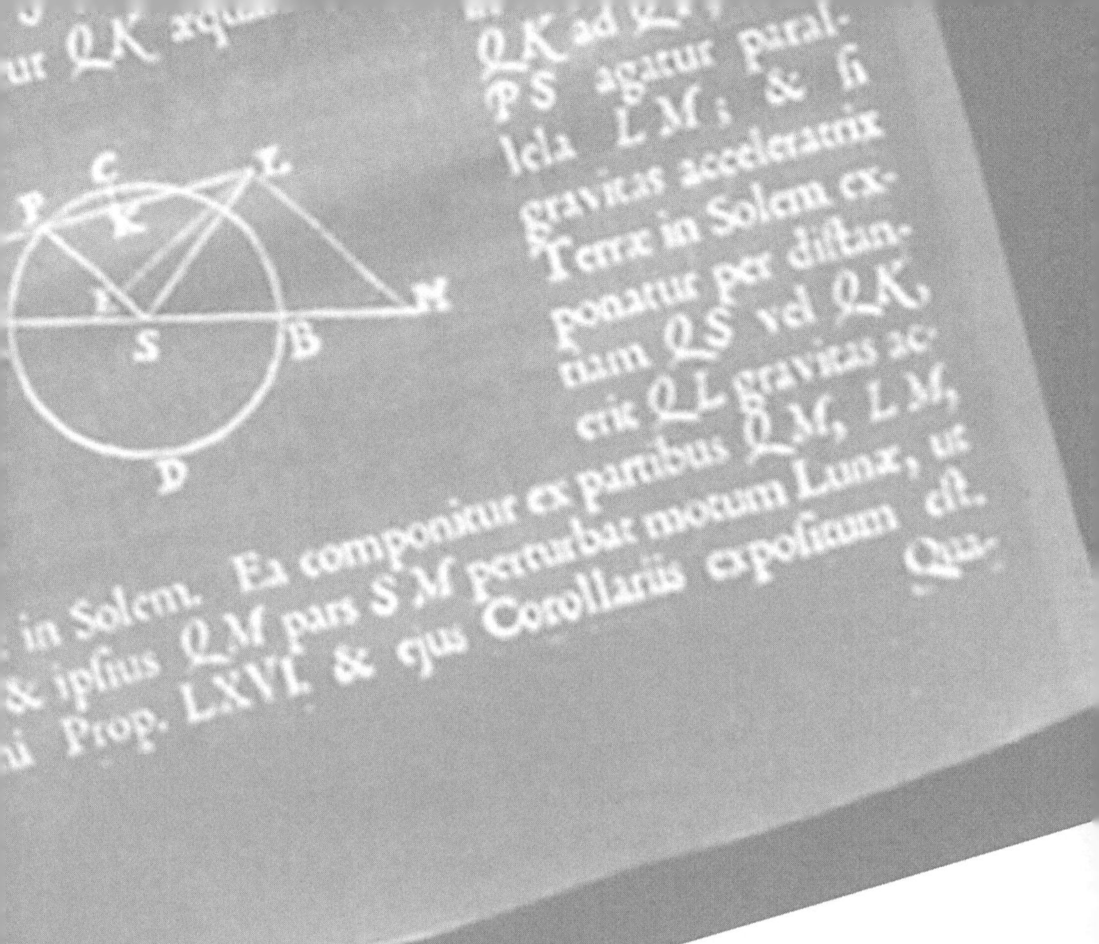

제 1 강

기본 개념과 정의

이 장에서 뉴턴은 운동의 법칙에 대한 기본 정의를 소개한다. 이 단원에서 뉴턴은 역학에서 자주 사용되는 용어에 대한 정의를 한다.

[정의 1-1 : 질량]
질량[1]은 밀도와 부피의 곱이다.

밀도가 같은 물질의 경우 물질의 커질수록 질량이 크다. 또한 같은 부피의 질량을 생각한다면 밀도가 큰 쪽이 질량이 크다. 뉴턴은 아마도 아르키메데스의 은이 섞인 가짜 금관의 이야기로부터 질량에 대한 정의를 만들어 냈을 가능성이 크다.

[정의 1-2 : 운동량]
운동량은 질량과 속도의 곱이다.

운동량[2]의 정의에 의하면 정지해 있는 물체는 속도가 0이므로 운동량이 0이 됨을 알 수 있다. 같은 질량을 가진 물체의 경우 속도가 클수록 운동량이 크고 같은 속도로 움직이는 경우 질량이 클수록 운동량이 크다.

뉴턴의 시대에는 벡터가 등장하지 않았지만 뉴턴은 이미 벡터의 덧셈과 뺄셈의 개념을 알고 있었던 것 같다. 여기서 잠깐 속력과 속도에 대한 기본적인 내용을 얘기해보자. 속력은 물체가 움직인 거리를 시간으로 나눈 값이다.

---

1) 질량은 물질의 가볍고 무거운 정도를 나타내는 양으로 영어로는 mass라고 쓰는데 뉴턴은 프린키피아에서 질량을 quantity of matter로 표현했다.

2) 운동량은 영어로 momentum이라고 쓴다. 하지만 뉴턴은 프린키피아에서 운동량을 quantity of motion이라고 썼다.

뉴턴은 갈릴레이의 저서 『새로운 두 과학에 대한 대화』를 읽었을 것으로 생각된다. 아이러니컬하게도 이 두 물리학자는 동시대를 살지 못했다. 갈릴레이가 죽고 몇 달 뒤에 뉴턴이 태어났기 때문이다.

같은 거리를 두 물체가 움직일 때 속력은 그 거리를 움직이는 데 걸리는 시간만 비교하면 된다. 즉, 짧은 시간이 걸린 물체의 속력이 더 크다. 같은 시간 동안 두 물체가 움직일 때 속력은 움직인 거리만 비교하면 된다. 즉, 움직인 거리가 더 긴 물체의 속력이 더 크다. 그렇다면 두 물체가 서로 다른 거리를 서로 다른 시간 동안 움직일 때 두 물체의 빠르기는 어떻게 비교할까?

이 질문에 대해 갈릴레이는 「새로운 두 과학에 대한 대화」에서 명백한 해답을 내놓았다. 그는 일정한 속력으로 운동을 하는 물체를 생각했다. 그리고는 다음과 같은 그림을 도입했다.

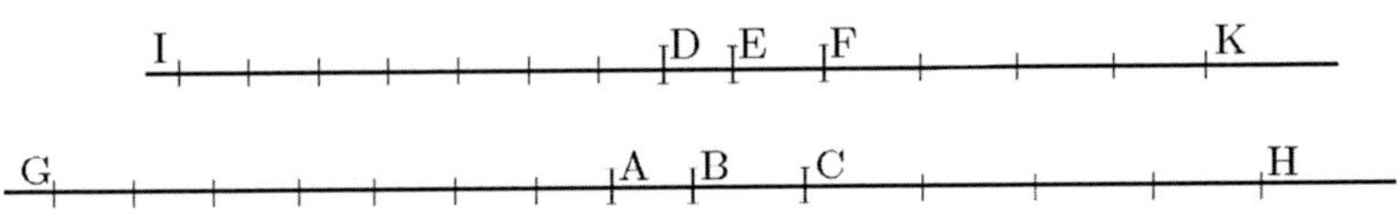

[그림 1.1]

위에 있는 직선은 시간을 아래 있는 직선은 거리를 나타낸다. 갈릴레이는 다음과 같이 생각했다.

시간 $\overline{DE}$ 동안 물체가 움직인 거리가 $\overline{AB}$이고 시간 $\overline{EF}$ 동안 물체가 움직인 거리가 $\overline{BC}$라고 하자. 이때 $\overline{DI}$가 $\overline{DE}$의 n배(n은 자연수)가 되도록 점 I를 도입하고, $\overline{GA}$가 $\overline{AB}$의 n배가 되도록 점 G를 도입한다. 또한 $\overline{FK}$가 $\overline{EF}$의 m배(m은 자연수)가 되도록 점 K를 도입하고, $\overline{CH}$가 $\overline{BC}$의 m배가 되도록 점 H를 도입한다. 이것을 식으로 나타내면 다음과 같다.

$$\overline{DI} = n\overline{DE}$$

$$\overline{FK} = m\overline{EF}$$

$$\overline{AG} = n\overline{AB}$$

$$\overline{CH} = m\overline{BC}$$

이 네 식으로부터 다음 관계식을 얻을 수 있다.

$$\overline{BG} = (n+1)\overline{AB}$$

$$\overline{BH} = (m+1)\overline{BC}$$

$$\overline{IE} = (n+1)\overline{DE}$$

$$\overline{EK} = (m+1)\overline{EF}$$

이때 물체가 일정한 속력으로 움직인다고 하자. 그러면 같은 거리를 움직이는 데 걸리는 시간은 같으므로

$$\overline{GB} = \overline{BH} \text{는 } \overline{IE} = \overline{EK}$$

를 의미한다. 이것을 다음과 같이 쓸 수 있다.

$$(n+1)\overline{AB} = (m+1)\overline{BC}$$

$$(n+1)\overline{DE} = (m+1)\overline{EF}$$

따라서 우리는 다음 관계식을 얻는다.

$$\frac{\overline{AB}}{\overline{DE}} = \frac{\overline{BC}}{\overline{EF}}$$

즉, 일정한 속력으로 움직이는 물체의 경우 서로 다른 시간 간격에 대한 움직인 거리의 비율은 일정하다. 그러므로 이것을 속력의 정의로 삼을 수 있게 된다. 이것이 바로 갈릴레이가 기하학적으로 엄밀하게 증명한 속력의 정의이다.

갈릴레이의 속력에 대한 정의로부터 우리는 속력이 수학적인 평균의 개념과 깊이 관계되어 있음을 알 수 있다. 속력이 변하는 경우

갈릴레이처럼 생각해보자.

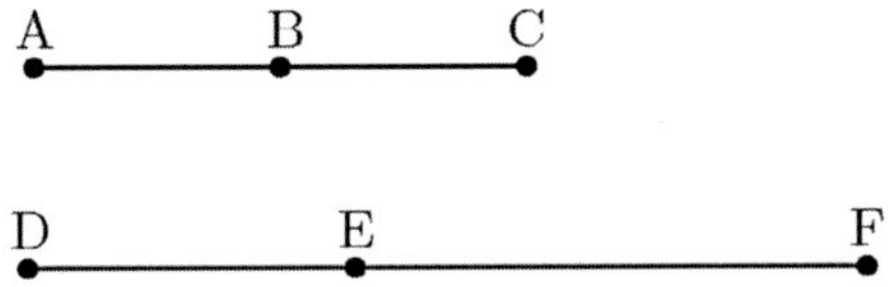

[그림 1.2]

시간 $\overline{\mathrm{AB}}$ 동안 물체가 일정한 속력으로 움직인 거리를 $\overline{\mathrm{DE}}$, 시간 $\overline{\mathrm{BC}}$ 동안 물체가 일정한 속력으로 움직인 거리를 $\overline{\mathrm{EF}}$라고 하고 $\overline{\mathrm{AB}}=\overline{\mathrm{BC}}$라고 하자. 이때 $\overline{\mathrm{DE}}\neq\overline{\mathrm{EF}}$이면 물체의 속력이 변하는 것을 의미한다. 시간 $\overline{\mathrm{AB}}$동안의 물체의 속력을 v_1, 시간 $\overline{\mathrm{BC}}$동안의 물체의 속력을 v_2라고 하면 갈릴레이의 정의에 따라

$$v_1=\frac{\overline{\mathrm{DE}}}{\overline{\mathrm{AB}}}$$

$$v_2=\frac{\overline{\mathrm{EF}}}{\overline{\mathrm{BC}}}$$

가 된다. 한편 시간 $\overline{\mathrm{AC}}$동안 움직인 거리는 $\overline{\mathrm{DF}}$이므로 이 시간 동안의 속력 v를 움직인 거리를 걸린 시간으로 나눈 것으로 정의하면

$$v=\frac{\overline{\mathrm{DF}}}{\overline{\mathrm{AC}}}=\frac{\overline{\mathrm{DE}}+\overline{\mathrm{EF}}}{\overline{\mathrm{AB}}+\overline{\mathrm{BC}}}$$

가 되고, $\overline{\mathrm{AB}}=\overline{\mathrm{BC}}$이므로

$$\begin{aligned} v&=\frac{1}{2}\left(\frac{\overline{\mathrm{DE}}}{\overline{\mathrm{AB}}}+\frac{\overline{\mathrm{EF}}}{\overline{\mathrm{BC}}}\right)\\ &=\frac{1}{2}(v_1+v_2)\end{aligned}$$

가 되어, 각 구간의 일정한 속력의 평균이 된다. 따라서 이렇게 속력

이 달라지는 경우 그 때 그 때의 속력의 변화를 고려하지 않고 물체가 움직인 전체 거리를 걸린 시간으로 나누어준 값을 평균속력이라고 정의하게 되는 것이다.

갈릴레이도 시간의 간격을 짧게 택하면 특정한 시각의 물체의 속력이라는 것을 어렴풋이 알고 있었지만 정확한 표현은 얻지 못했다. 이 문제는 뉴턴이 미분을 도입함으로써 깔끔하게 해결한다.

속력은 빠르기만을 나타낸다. 하지만 물체가 움직이는 방향을 고려해야 할 때가 있다. 물체의 빠르기와 운동방향을 함께 나타낼 때는 속도라는 물리량을 사용한다. 물체가 일직선을 따라서 움직이는 경우 속도를 정의하는 것은 간단하다. 예를 들어 물체가 수평방향으로 움직일 때 오른 쪽으로 움직이는 속도를 양수라고 하면 왼쪽으로 움직이는 속도는 음수를 이용하면 된다.

뉴턴은 이미 속도가 방향과 크기를 가진 양임을 알고 있었다. 그는 속도의 방향이 달라졌을 때 속도의 뺄셈이 $3-2=1$처럼 계산되지 않는다는 것을 알고 있었다. 예를 들어 물체가 북쪽으로 움직이다가 같은 속력으로 동쪽으로 움직이는 경우 속도의 변화를 보자.

물체의 속도는 물체가 움직이는 방향을 가리킨다. 뉴턴은 이렇게 물체의 운동방향이 달라질 때 속도의 변화는 다음 그림과 같이 주어진다고 생각했다.

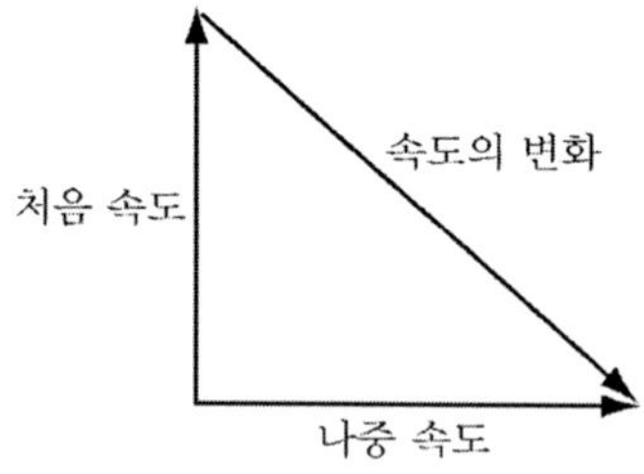

[그림 1.3]

이것은 단지 벡터 기호를 사용하지 않았을 뿐이지 우리가 알고 있는 벡터의 뺄셈이다. 즉, 뉴턴은 빠르기만을 나타내는 속력과는 달리 빠르기와 운동방향을 나타내는 속도는 벡터라는 것을 알고 있었다.

뉴턴의 정의대로라면 운동량은 질량과 속도의 곱이므로 운동량의 방향은 속도의 방향이 된다. 즉, 운동량 역시 크기와 방향을 가진 벡터이다.

[정의 1-3 : 관성]
관성은 물체가 현재의 운동 상태를 유지하려는 성질이다.

이 말은 '정지해 있는 물체는 정지해 있으려고 하는 성질이 있고 일정한 속도로 움직이는 물체는 그 속도로 유지하려는 성질이 있다'라는 뜻이다.

관성에 대한 정의는 사실 뉴턴이 처음 정의한 것은 아니다. 기원전 335년 경 그리스의 아리스토텔레스는 처음으로 운동에 대한 연구를 했다. 그는 외부에서 힘이 작용하지 않으면 모든 물체는 정지 상태가 된다고 주장했다. 따라서 그는 물체가 움직이는 이유는 물체가 힘을 받기 때문이라고 생각했다. 그 후 14세기에 Jean Buridan은 임페투스(impetus)가 운동중에 감소한다고 생각했다. 그는 날아가는 물체는 임페투스를 방해하는 공기의 저항과 물체의 무게 때문에 영원히 날아갈 수 없다고 생각했다. 그는 속도가 클수록 임페투스가 크다고 주장했는데 그가 주장한 임페투스는 뉴턴이 말한 운동량과 거의 비슷한 개념이다. 아리스토텔레스가 천상계에 있는 행성들은 원운동을 할 수 있지만 지상계에 있는 물체는 직선운동만을 할 수 있다고 주장한 반면, Jean Buridan은 임페투스가 직선운동 뿐 아니라 원운동도 일으킬 수 있다고 주장했다.

임페투스 이론은 나중에 갈릴레이의 관성(inertia)이론으로 발전했다. 갈릴레이는 물체에는 운동 상태를 바꾸지 않으려는 - 속도가 달라지지 않으려는 - 고유한 성질이 있으며 이 성질을 관성이라고 불렀다. 갈릴레이의 관성에 대한 생각은 뉴턴이 프린키피아를 쓰면서 운동의 제1법칙으로 확장되었다. 뉴턴의 운동 제 1법칙은 관성의 법칙이라고도 부르는데 다음과 같다.

외부에서 물체에 힘이 작용하지 않으면 물체의 속도는 달라지지 않는다.

관성이라는 말은 갈릴레이가 처음 사용한 것이 아니라 그보다 앞서 케플러가 만들었다. 관성(inertia)은 게으름이라는 뜻을 가진 라틴어이다. 케플러는 물체가 운동 상태를 바꾸려하지 않음을 게으름에 빗댄 것이다.

갈릴레이는 사고 실험을 통해 관성을 설명했다. 마찰이 없는 빗면을 생각하라. 공이 비탈을 따라 내려오면 빨라진다. 즉 속도가 증가한다. 비탈을 따라 올라갈 때는 어떻게 될까? 당연히 느려질 것이다. 즉 속도가 감소한다.

갈릴레이는 위 그림과 같이 마찰이 없는 빗면에서 구슬을 가만히 놓으면 구슬은 반대편 비탈의 같은 높이까지 올라간다고 생각했다.

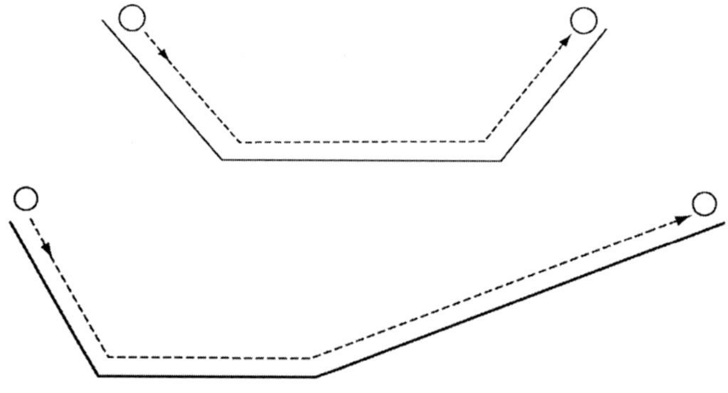

[그림 1.4]

실제 여러분이 실험해보면 그 보다는 조금 낮은 위치까지 올라갈 것이다. 그것은 마찰이 있기 때문이다. 하지만 마찰이 없는 빗면을 생각한다면 같은 높이까지 올라갈 것이다. 갈릴레이는 반대쪽 비탈의 기울기를 점점 더 작게 했다. 그래도 공은 같은 높이까지 올라간다. 극단적으로 반대쪽 면이 수평이면 물체는 영원히 운동할 것이다. 또 비탈을 올라가지 않으니까 속력이 줄어들지도 않는다. 갈릴레이는 이렇게 외부의 영향이 없으면 물체는 현재의 운동상태를 계속 유지하려고 한다고 생각했다. 그리고 이러한 고집을 물체의 관성이라고 했다.

컵 위에 종이를 놓고 그 위에 동전을 올려 놓고 종이를 세게 잡아당기면 동전이 컵위로 떨어진다. 그것은 동전이 제자리에 있고 싶어하는 관성 때문이다. 제자리에 있고 싶어하 지만 밑에 있던 종이가 없어지니까 중력에 의해 컵 바닥으로 떨어지는 것이다. 하지만 종이를 천천히 잡아당기면 동전이 종이와 함께 움직인다. 즉 동전이 제자리에 있고 싶어 하는 관성이 보이지 않는다. 왜 그럴까? 관성은 물체가 자신의 운동상태가 변하는 것을 싫어하는 성질이다. 그러므로 외부에서 운동상태를 크게 변화시키려고 하면 물체의 관성이 크게 나타나지만 외부에서 운동 상태를 작게 변화시키려고 하면 물체의 관성의 효과 또한 작게 나타날 수 밖에 없다.

[정의 1-4 : 외부 힘]
외부힘이란 물체의 운동상태를 변하게 하는 힘이다.

정지해 있는 물체를 밀면 움직인다. 이때 물체는 정지라는 운동상태에서 어떤 속도로 움직이는 운동상태로 변했다. 이렇게 물체의 운동상태를 변화시킨 것은 외부에서 물체에 작용한 외부힘이다.

뉴턴은 외부 힘은 여러 가지 원인에 의해 나타난다고 했다. 예를 들어 자석이 쇠붙이를 당기는 힘은 자석이 원인이다. 즉, 뉴턴은 여러 종류의 외부 힘이 있다고 생각했다.

뉴턴은 또한 관성력과 외부힘 사이의 관계에 대해 언급했다. 그가 생각한 관성력은 운동상태를 바꾸지 않으려는 힘인데 그는 외부 힘이 존재할 때만 관성력이 존재한다고 했다. 즉, 외부 힘이 없다면 관성력이 나타나지 않고 운동상태는 달라지지 않는다.

[정의 1-5 : 구심력]

물체가 원운동을 할 때 중심으로 향하는 힘이 작용하는 데 이 힘을 구심력이라고 한다.

뉴턴은 구심력이 원운동을 일으키는 힘이라는 것을 알았다. 그는 지구나 화성과 같은 행성이 태양주위를 도는 것은 바로 구심력 때문이라고 생각했다. 돌멩이를 줄에 매달에 빙글빙글 돌리면 줄의 장력이 구심력의 역할을 해 돌멩이는 원운동을 하제 된다. 그런데 줄이 끊어지면 더 이상 구심력 역할을 해줄 힘이 없으므로 돌멩이는 더 이상 원운동을 하지 않고 접선 방향으로 날아간다.

뉴턴이 구심력을 설명하는 방법은 독특하다. 아르키메데스가 원에 내접하는 정다각형을 통해 원주율의 값을 구하려 했던 것처럼 뉴턴 역시 원운동 대신 직선운동을 통해 구심력을 설명하려했다.

그림 1.5을 보자.

물체가 A에서 출발해 B, C, D를 거쳐 원운동을 해 다시 A로 돌아오는 경우를 생각하자. 물체의 속력은 v로 일정하다고 하자. A, B, C, D는 모두 원주위의 점이고 O는 원의 중심이다.

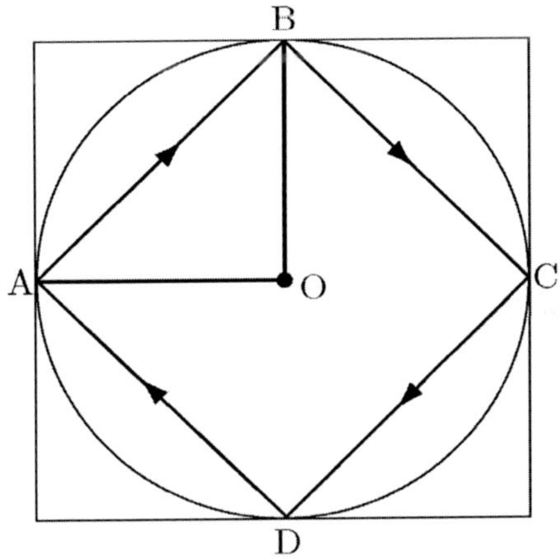

[그림 1.5]

뉴턴은 원운동 대신에 A에서 B로 직선을 따라 갔다가 원 밖을 에워싸고 있는 정사각형의 벽과 충돌해 B에서 C로 직선을 따라가고 다시 벽과 충돌 후 C에서 D로 직선을 따라 갔다가 다시 벽과 충돌해 D에서 A로 직선을 따라 가는 운동을 생각했다. 뉴턴은 만일 이 방법을 변의 개수가 아주 많은 정다각형으로 확장하면 물체의 운동은 원운동에 가까워지며 변의 개수를 무한히 많이 선택하면 원운동이 될 거라고 생각했다.

A에서 B를 거쳐 C로 가는 원운동 대신 A에서 B까지 직선을 따가 갔다가 벽과 충돌해 C로 직선을 따라가는 경우를 먼저 생각해보자. 속도의 방향은 물체가 움직이는 방향이니까 A에서 B로 직선을 따라 갈 때 속도의 방향은 A에서 B로 향하는 방향이고 B에서 C로 가는 경우 속도의 방향은 B에서 C로 가는 직선 방향이다. 물체의 속력이 일정하니까 A에서 B로 갈 때 속력과 B에서 C로 갈 때의 속력은 같다.

두 속력을 v라 하자.

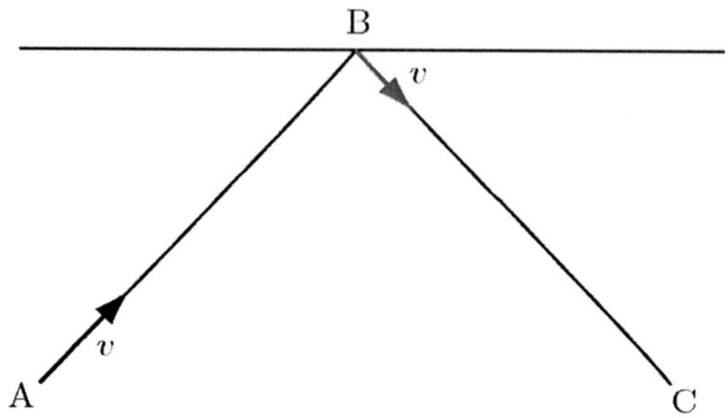

[그림 1.6]

A에서 B에 갈 때 걸리는 시간을 T라고 하면 속력이 v이니까 AB의 길이는 속력과 시간의 곱과 같다. 원의 반지름을 R이라고 하면 다음 그림과 같다.

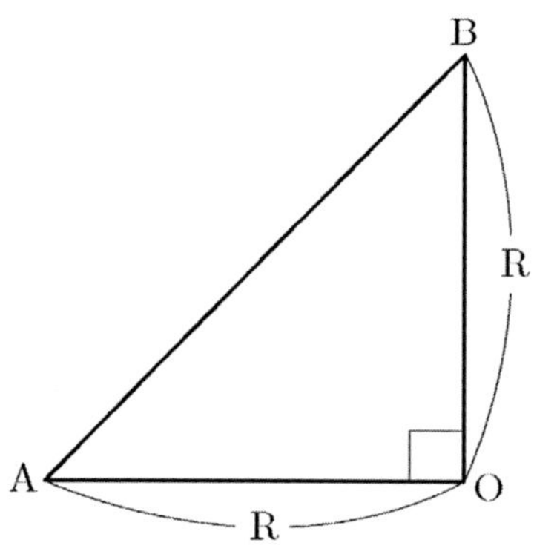

[그림 1.7]

삼각형 BAO는 직각 이등변 삼각형이므로 피타고라스 정리를 이용할 수 있다. 다음 그림을 보자.

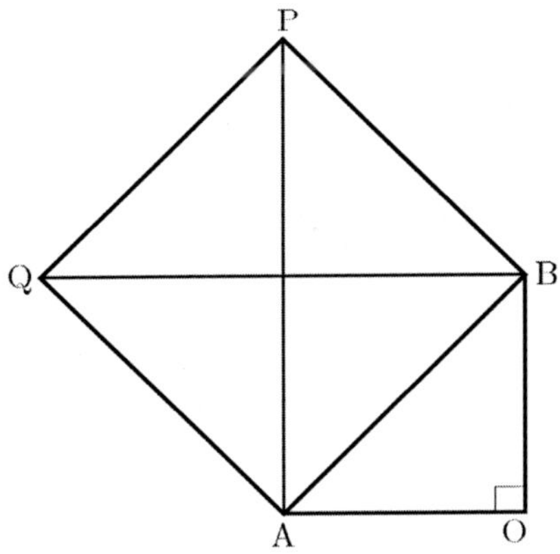

[그림 1.8]

사각형 PQAB의 넓이는 직각삼각형 BAO의 넓이의 4배이고 직각삼각형 BAO의 넓이는 밑변의 길이가 R이고 높이가 R이므로

$$\frac{1}{2}\times \mathrm{R}\times \mathrm{R}$$

이므로 사각형 PQAB의 넓이는

$$4\times \frac{1}{2}\times \mathrm{R}\times \mathrm{R}=2\times \mathrm{R}\times \mathrm{R}=\sqrt{2}\times \sqrt{2}\times \mathrm{R}\times \mathrm{R}$$

이 된다. 사각형 PQAB는 정사각형이니까 넓이는 AB의 길이의 제곱과 같고

$$(\text{AB의 길이의 제곱})=\sqrt{2}\times \sqrt{2}\times \mathrm{R}\times \mathrm{R}=(\sqrt{2}\,\mathrm{R})^2$$

이므로

$$(\text{AB의 길이})=\sqrt{2}\times \mathrm{R}$$

이 된다. AB의 길이는 속력과 시간의 곱이니까

$$\sqrt{2}\times \mathrm{R}=v\times T$$

이 성립한다. 이제 속도변화를 알면 가속도를 알 수 있다. 아래 그림에서 속도는 위화살표에서 아래화살표로 변했으므로 아래화살표에서 위화살표를 빼주어야 속도변화를 구할 수 있다. 아래 그림에서 위에서 아래로 내려오는 화살표가 바로 속도변화를 나타낸다.

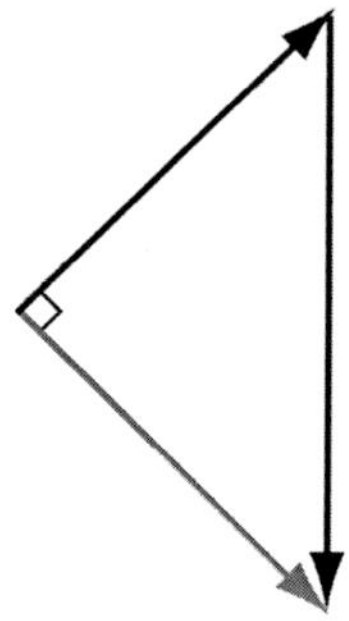

[그림 1.9]

속도변화의 방향이 원의 중심방향을 향하고 있고, 속도변화의 방향과 가속도의 방향은 같으니까 가속도의 방향이 원의 중심 쪽으로 향한다는 것을 알 수 있다.

세 화살표로 이루어진 삼각형에 다음과 같이 세 점을 L, M, N으로 나타내자.

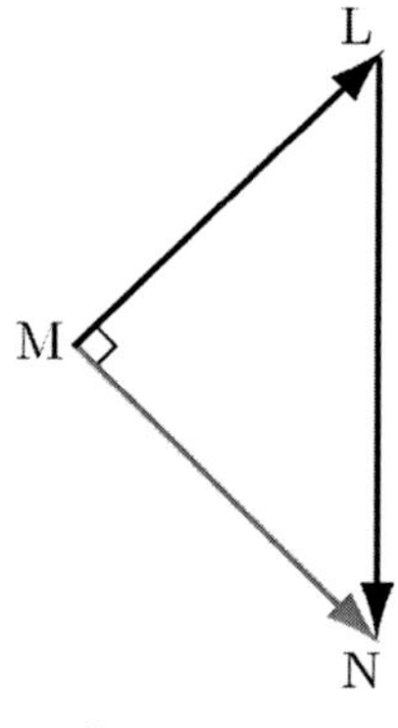

[그림 1.10]

속력은 속도를 나타내는 화살표의 길이로 생각할 수 있고 속력이 변하지 않으니까 LM의 길이와 MN의 길이는 v로 같다. 또한 ∠LMN은 90°이고 두 변의 길이가 같으므로 직각 이등변 삼각형이다. 그러므로 LN의 길이는 $\sqrt{2}$와 LM의 길이와의 곱이 된다. 따라서 속도 변화는

$$\sqrt{2}\times v$$

가 된다. 속도변화에 걸린 시간은 T이므로 이 시간동안의 가속도를 a라고 하면

$$a=\frac{\sqrt{2}\times v}{T}$$

가 된다. $\sqrt{2}\times R=v\times T$를 이용하기 위해 분모와 분자에 똑같이 v를 곱하면

$$\begin{aligned} a&=\frac{\sqrt{2}\times v\times v}{v\times T} \\ &=\frac{\sqrt{2}\times v\times v}{\sqrt{2}\times R} \end{aligned}$$

이 되고, 분자와 분모를 약분하고 $v\times v$를 v^2이라고 쓰면

$$a=\frac{v^2}{R}$$

이라는 결과를 얻는다. 이 공식은 바로 일정한 속력으로 원운동을 하는 물체의 가속도로 구심가속도라고 부른다.

만일 원 위의 더 많은 점을 택해 변의 개수가 엄청나게 많은 정다각형을 생각해도 결과는 같아진다. 즉, 물체의 구심가속도는 물체의 속력의 제곱에 비례하고 원의 반지름에 반비례한다. 만일 물체의 질량이 m이라면 물체가 원운동을 할 때 받는 힘은

$$m \times a = m \times \frac{v^2}{R}$$

이 되는 데 이 힘을 우리는 구심력이라고 부른다.

이번에는 정사각형이 아니라 원에 대해 구심가속도를 구해보자. 다음 그림을 보자.

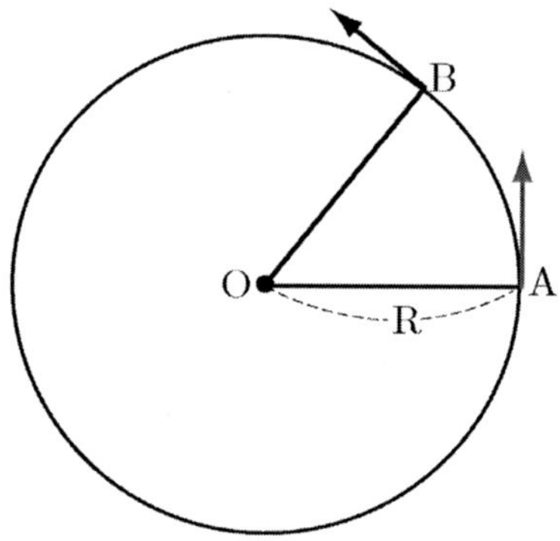

[그림 1.11]

물체가 A를 출발해 시계 반대방향으로 일정한 속력으로 원운동을 한다고 해보자. 시간 T후에 물체가 A 있다가 B로 갔다고 하자. 물체가 곡선을 따라 움직일 때 물체의 순간속도의 방향은 접선 방향으로 그림 1.11에 표시되어 있다.

속도변화를 구하려면 두 화살표의 꼬리가 일치하도록 A에서의 속도를 평행이동시켜야 한다.

다음 그림을 보자.

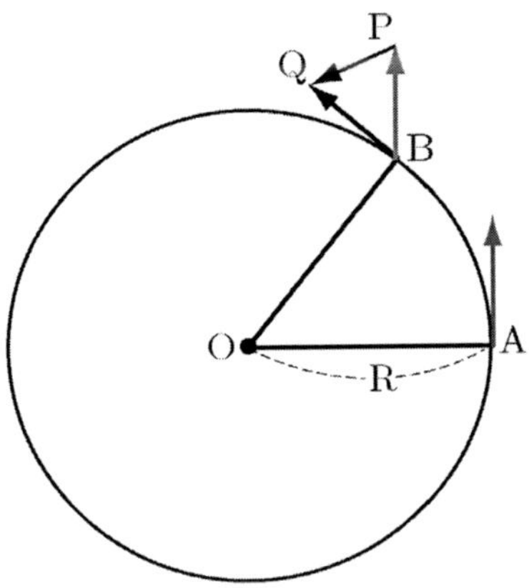

[그림 1.12]

위 그림에서 화살표 PQ가 바로 속도변화를 나타낸다. 이제 다음과 같이 A와 B를 잇는 직선을 그리자.

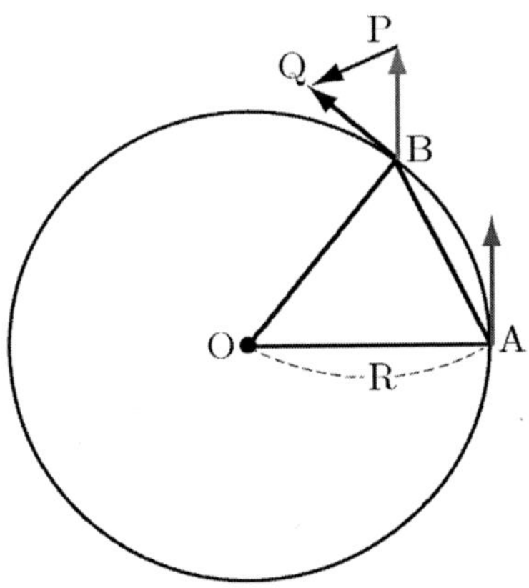

[그림 1.13]

삼각형 BOA를 보면 OB와 OA는 반지름이니까 그 길이는 R로 같다. 그리고 삼각형 PQB를 보면 물체의 속력이 달라지지 않으니까 처음 속력과 나중 속력은 같다. 그 속력을 v라고 하면 BQ의 길이와 BP의 길이는 모두 v로 같다. 즉, 두 삼각형은 이등변삼각형이다. 이번에는 다음 그림처럼 B에서 OA에 수선을 그리자.

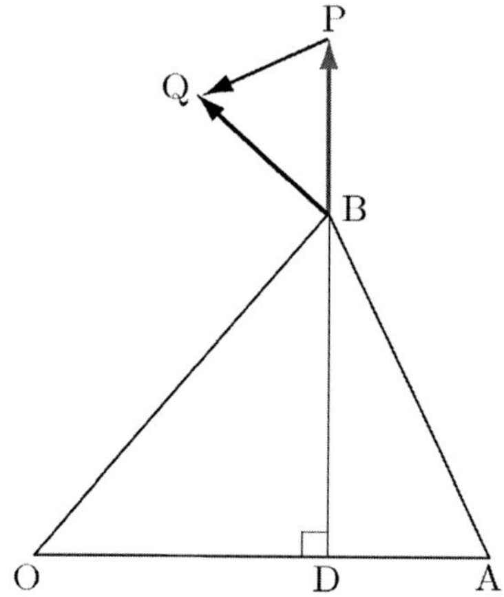

[그림 1.14]

그림에서 P, B, D는 일직선 위에 있다. ∠OBQ를 보자. OB는 원의 반지름이고 BQ는 접선이다. 원에서 접선과 반지름은 서로 수직이기 때문에 ∠OBQ는 직각이다. 그런데 일직선은 직각의 두 배이니까 ∠OBD와 ∠QBP의 합은 직각이다. 그리고 삼각형 BOD를 보면 ∠D가 직각이니까 ∠OBD와 ∠BOD의 합도 역시 직각이다. 그러므로

$$\angle QBP = \angle BOD$$

가 성립한다. 삼각형 BOA와 삼각형 PQB는 닮음이므로 대응변의 길이의 비가 같다. PQ의 길이는 속도변화의 크기인데 이것과 AB의 길이가 대응을 이루고 BQ의 길이는 속력 v인데 이것과 원의 반지름인 OB의 길이가 대응을 이룬다. 이것을 비례식으로 쓰면

(PQ의 길이) : (AB의 길이) = (BQ의 길이) : (OB의 길이)

가 된다. 그러므로

$$(\text{속도변화}) : (\text{AB의 길이}) = v : R$$

되어,

$$(\text{속도변화}) \times R = (\text{AB의 길이}) \times v$$

가 된다. A에서 B로 갈 때 까지 걸린 시간이 T이고 속력은 v로 일정하므로

$$(\text{AB의 길이}) = v \times T$$

이 된다. 그러므로

$$(\text{속도변화}) \times R = v \times T \times v$$

가 되니까 양변을 R로 나누어주면

$$(\text{속도 변화}) = \frac{T \times v^2}{R}$$

이 된다. 가속도는 속도변화를 시간으로 나눈 값이니까 가속도를 a라고 하면

$$a = (\text{속도변화}) \div T$$

가 되어

$$a = \frac{v^2}{R}$$

이 된다.

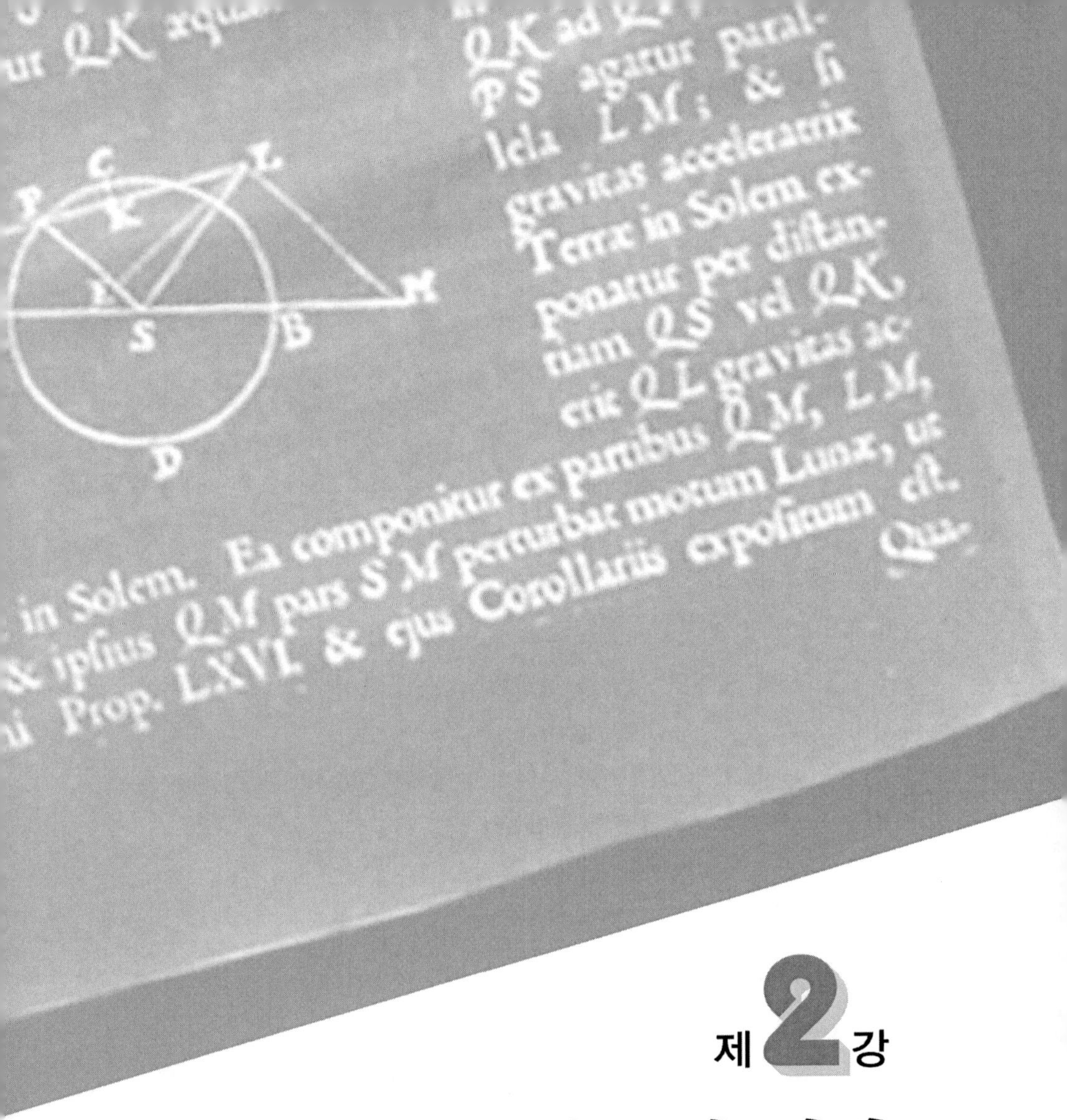

제 2 강

운동의 법칙

이 장에서 뉴턴은 유명한 뉴턴의 운동 법칙을 설명한다.

[뉴턴 제1법칙]
물체에 외부 힘이 작용하지 않는 한 물체는 현재의 운동상태를 유지한다.

갈릴레이가 관성이라는 물질의 성질을 알아냈다면 뉴턴은 관성이 왜 생기는지를 알아냈다고 볼 수 있다. 뉴턴의 설명대로라면 외부 힘이 존재하지 않는 것이 물체가 관성을 유지하기 위한 필수 조건이다.

예를 들어 달리던 사람이 돌부리에 걸려 넘어지는 경우를 보면 사람의 발끝은 돌부리가 작용하는 힘(외부힘)을 받아 더 이상 관성을 유지할 수 없어 멈추지만 사람의 몸통이나 머리는 외부 힘이 작용하지 않아 달리던 운동상태를 유지하기 위해 계속 그 방향으로 움직이게 되어 사람이 앞으로 넘어지게 되는 것이다.

[뉴턴 제2법칙]
운동상태의 변화는 외부 힘에 비례한다.

운동상태는 속도에 의해 기술된다. 따라서 운동상태의 변화는 속도의 변화를 의미한다. 시간당 속도의 변화가 가속도이므로 외부 힘이 가속도에 비례한다. 이것이 뉴턴의 운동 제2법칙으로

$$(\text{외부 힘})=(\text{질량})\times(\text{가속도})$$

이다.

이 식을 비례식으로 쓰면

$$(\text{외부 힘}) \propto (\text{가속도})$$

이다. 여기서 ∝는 두 양이 비례함을 나타내는 기호이다. 가속도는 속도의 변화를 시간으로 나눈 값이고 속도의 변화는 운동상태의 변화를 나타낸다. 즉, 이 식은 외부 힘이 물체의 운동상태를 변화시키는데 외부 힘이 작으면 운동상태를 적게 변화시키고 외부 힘이 크면 운동상태를 크게 변화시킨다는 것을 말한다.

뉴턴은 이 식의 비례상수로 질량을 도입했다. 즉 질량이 크면 같은 크기의 외부힘이 작용해도 운동상태의 변화가 적고 질량이 적으면 운동상태의 변화가 크다. 이것은 물체의 질량이 운동상태를 변화시키지 않으려고 하는 성질인 관성과 관계있다는 뜻이다. 그래서 뉴턴의 제2법칙에 의해 정의되는 물체의 질량을 관성질량이라고도 부른다.

[뉴턴 제3법칙]
첫 번째 물체가 두 번째 물체에 힘을 작용하면 두 번째 물체 역시 첫 번째 물체에 크기가 같고 방향이 반대인 힘을 작용한다.

뉴턴의 제3법칙은 작용과 반작용의 법칙이라고 부른다. 사람이 벽을 밀면 사람이 벽을 미는 힘이 작용이고 벽이 사람을 미는 힘이 반작용인데 이때 사람이 벽을 미는 힘(작용)과 벽이 사람을 미는 힘(반작용)은 크기는 같고 방향은 반대이다.

뉴턴은 이 법칙을 통해 힘이 두 개의 물체의 상호작용이라는 것을 알아냈다. 즉, 만일 우주에 질량을 가진 물체가 단 하나 뿐이라면 물체는 힘을 받지 않는다는 뜻이다. 따라서 힘이 작용하기 위해서는 반드시 두 개 이상의 물체가 필요하다.

[공식 2-1 : 두 힘의 합력]

하나의 물체에 두 힘이 작용하면 두 힘의 합력의 크기는 두 힘을 두 변으로 하는 평행사변형의 대각선의 길이가 되고, 합력의 방향은 대각선의 방향이다.

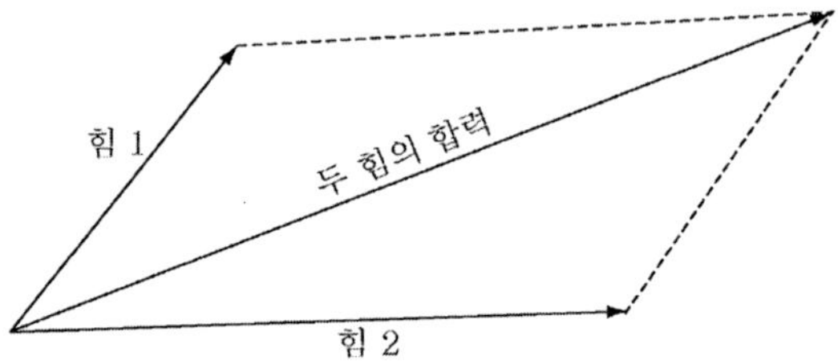

[그림 2.1]

이 법칙은 네덜란드의 수학자이자 물리학자인 스테빈이 1586년에 알아냈다. 그는 같은 방향으로 작용하는 두 힘의 합력은 각각의 힘의 크기의 합이고 반대 방향으로 작용하는 두 힘의 합력의 크기는 두 힘의 크기의 차이고, 합력의 방향은 둘 중 크기가 더 큰 힘의 방향임을 알아냈다. 또한 그는 나란하지 않는 두 힘이 하나의 물체에 작용하는 경우 두 힘의 합력의 크기는 두 힘을 두 변으로 하는 평행사변형의 대각선의 길이가 되고, 합력의 방향은 대각선의 방향이 된다는 사실을 알아냈다.

이것은 지금의 용어로 얘기하면 벡터의 덧셈에 대한 정의이다. 뉴턴은 힘 역시 속도처럼 크기와 방향을 가진 양이라고 생각했다.

[공식 2-2 : 운동량 보존의 법칙]

외부에서 힘이 작용하지 않으면 운동량은 달라지지 않는다.

가벼운 물체가 무거운 물체와 충돌하면 무거운 물체의 속도는 변하지 않고 가벼운 물체의 속도는 크게 변한다는 것을 처음 알아낸 사람은 데카르트이다. 하지만 데카르트는 운동량에 대한 개념을 세우지 못했고 결국 운동량 보존 법칙을 발견하는데 실패했다. 데카르트의 충돌문제에 깊은 관심을 보여 운동량을 정의하고 운동량 보존 법칙을 발견한 과학자는 네덜란드의 호이겐스이다.

두 물체가 서로 다른 속도로 움직이다가 충돌하면 두 물체의 속도가 달라진다. 예를 들어 질량이 1kg으로 같은 두 공이 충돌하여 하나가 되어 움직이는 다음과 같은 세 경우를 살펴보자.

(i) 초속 10미터의 속도로 오른쪽으로 움직이는 공A가 정지해 있는 공B와 부딪쳐 하나가 되어 움직인 경우를 보자.

[그림 2.2]

충돌 후 하나가 되었을 때 속도를 V라고 하면 운동량 보존으로부터

$$(\text{충돌전 운동량의 합}) = (\text{충돌 후 운동량의 합})$$

$$1 \times 10 + 1 \times 0 = 2 \times V \quad \therefore V = 5$$

따라서 충돌 후 하나가 된 두 공은 초속 5미터의 속도로 오른쪽으로 움직인다.

(ii) 초속 20미터의 속도로 오른쪽으로 움직이는 공A가 초속 10미터의 속도로 오른 쪽으로 움직이는 공 B와 충돌하여 하나가 되어 움직인다고 해보자.

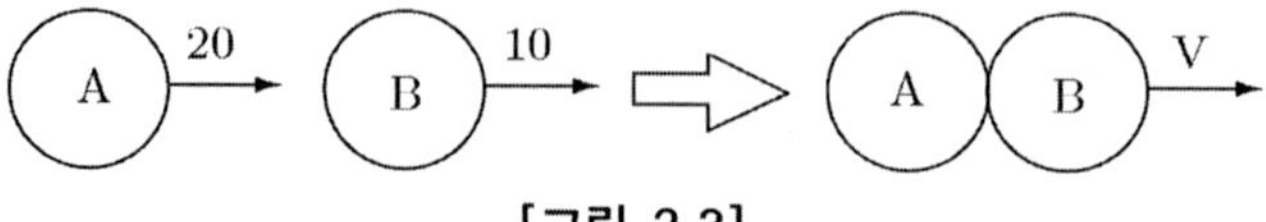

[그림 2.3]

충돌 후 하나가 되었을 때 속도를 V라고 하면 운동량 보존으로부터

(충돌전 운동량의 합)=(충돌 후 운동량의 합)

$$1\times 20+1\times 10=2\times V \quad \therefore V=15$$

따라서 충돌 후 하나가 된 두 공은 초속 15미터의 속도로 오른쪽으로 움직인다.

(iii) 초속 20미터의 속도로 오른쪽으로 움직이는 공과 초속 20미터의 속도로 왼쪽으로 움직이는 공이 충돌 후 하나가 되어 움직인다고 하자.

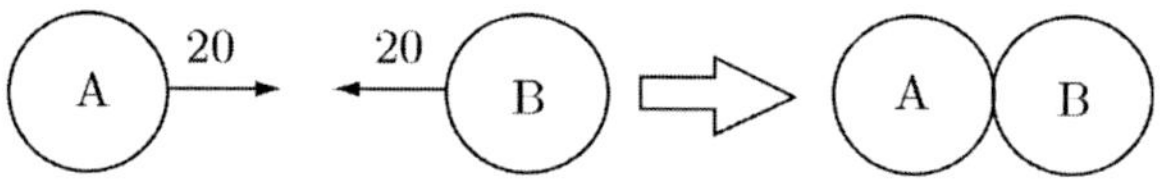

[그림 2.4]

충돌 후 하나가 되었을 때 속도를 V라고 하면 운동량 보존으로부터

(충돌전 운동량의 합)=(충돌 후 운동량의 합)

$$1\times 20+1\times(-20)=2\times V \quad \therefore V=0$$

따라서 충돌 후 하나가 된 두 공은 정지한다.

[공식 2-3 : 낙하법칙]
물체가 낙하한 거리는 시간의 제곱에 비례한다.

이것은 갈릴레이가 발견한 위대한 법칙이다. 갈릴레이는 낙하하는 물체의 속도가 가속도에 비례해 점점 커진다는 것을 알아냈다.

$$(\text{속도}) = (\text{가속도}) \times (\text{시간})$$

일정 시간 동안 물체의 속도는 달라지므로 평균속도의 개념을 도입해야한다. 처음 물체의 속도는 0이므로

$$\begin{aligned}(\text{낙하거리}) &= (\text{평균속도}) \times (\text{시간}) \\ &= \frac{0 + \text{속도}}{2} \times (\text{시간}) \\ &= \frac{1}{2} \times (\text{가속도}) \times (\text{시간})^2\end{aligned}$$

이 된다. 뉴턴은 가속도의 원인이 외부 힘에 있다고 믿었고 이 힘은 물체를 지구가 잡아당기는 힘인 중력이라고 생각했다. 그러므로 갈릴레이의 낙하법칙은 뉴턴에 의해 다음과 같이 수정된다.

$$(\text{낙하거리}) = \frac{1}{2} \times \frac{(\text{중력})}{\text{질량}} \times (\text{시간})^2$$

[공식 2-4 : 포물선 운동]
어떤 높이에서 수평으로 던져진 물체는 포물선을 그리며 떨어진다.

뉴턴은 갈릴레이의 낙하법칙을 이용해 포물선 운동이 일어나는 것을 설명했다. 다음 그림을 보자.

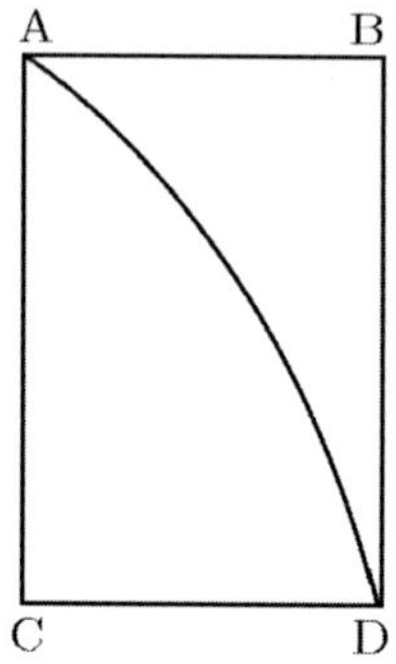

[그림 2.5]

뉴턴은 A에서 B방향으로 일정한 속도로 물체를 던지면 중력 때문에 물체는 B로 가지 못하고 D로 가며 이때 A에서 D로 가는 궤도는 포물선이 된다는 것을 알아냈다. 만일 중력이 없다면 물체는 일정한 속도로 B에 도착하며 선분 AB의 거리는 물체가 이동한 시간에 비례한다. 또한 물체를 A에서 떨어뜨리면 물체는 C로 떨어지는 데 이때 선분 AC의 거리는 시간의 제곱에 비례한다. 그러므로 두 운동을 합치면 물체는 A에서 D로 포물선(이차함수)을 그리며 떨어진다.

물체를 A에서 B방향으로 속도 v로 던졌고 시간 t가 경과한 후 물체가 D에 도착했다고 해보자. 만일 중력이 없다면 물체는 A에서 B일정한 속도로 움직이므로 선분 AB의 길이를 x라고 하면

$$x = vt$$

가 된다. 그런데 물체는 아래쪽으로 향하는 중력을 받는다. 중력만으로 물체가 시간 t동안 낙하하면 갈릴레이의 낙하법칙에 따라 A에서 C로 가는 데 이때 물체가 움직인 거리는 시간의 제곱에 비례하므로 그 비례상수를 k라고 하고 AC의 거리를 y라고 하면

$$y = kt^2$$

이 된다. 두 식으로부터 우리는

$$y = ax^2$$

을 얻는다. 여기서 $a = \frac{k}{v^2}$ 이다. 따라서 포물선 궤도를 그린다는 것을 알 수 있다.

> **[공식 2-5 : 질량과 무게의 관계]**
> 진자의 운동을 자세히 연구함으로써 질량이 무게에 비례한다는 사실을 알아냈다.

뉴턴은 갈릴레이의 진자 운동을 통해 질량과 무게가 비례함을 알아냈다. 다음 그림을 보자.

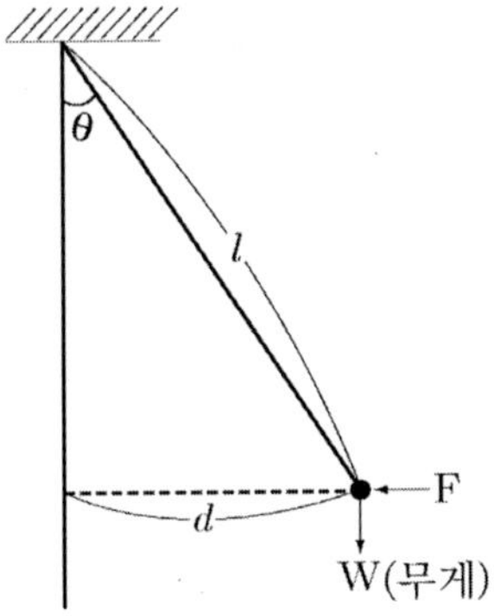

[그림 2.6]

질량이 M인 물체가 길이가 l인 줄에 매달려 진자운동을 한다고 해보자. 뉴턴은 진자운동이 일어나려면 수평방향의 힘 F가 존재해야하고 이 힘이 진자에 매달린 물체의 운동상태의 변화를 일으킨다고 생각했다. 아주 짧은 시간 Δt동안 속도의 변화가 Δv라고 하면

뉴턴 제 2법칙에 의해

$$M\frac{\Delta v}{\Delta t} = F$$

가 된다. 뉴턴은 문제를 간단하게 하기 위해 줄이 연직선과 이루는 각 θ가 아주 작은 경우를 생각했다. 그런 경우라면 진자의 운동은 수평방향으로의 왕복운동으로 묘사할 수 있다.

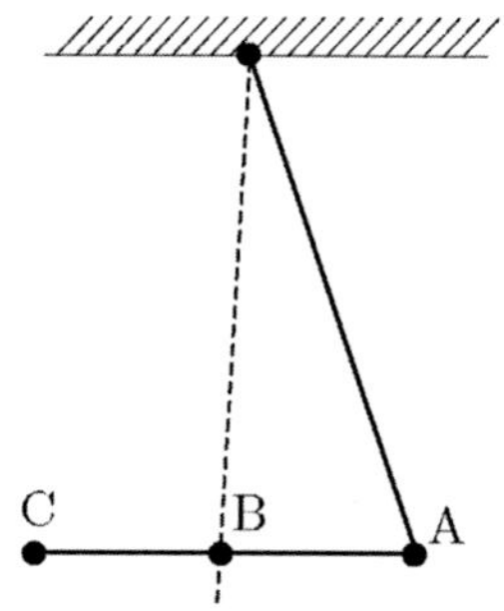

[그림 2.7]

즉, 물체가 A에서 B를 거쳐 C로 갔다가 C에서 B를 거쳐 A로 되돌아오는 운동을 반복한다. 여기서 뉴턴은 물체에 작용하는 수평방향의 힘이 F이고 수직방향의 힘은 물체의 무게인 W인데 이것이 다음 비례식을 만족한다고 했다.

$$F : W = d : l$$

이 식을 풀면

$$F = \frac{d}{l} W$$

이 된다. 한편 물체가 제자리로 돌아오는데 걸리는 시간을 주기 T라고 한다면 물체가 움직인 거리는 d의 네 배인 $4d$가 되므로 물체의 속도 변화는 $\frac{4d}{T}$가 된다. 따라서 다음 비례식을 세울 수 있다.

$$\Delta t : \Delta v = T : \frac{4d}{T}$$

$M\frac{\Delta v}{\Delta t} = F$와 $F = \frac{d}{l}W$을 이용해 이 식을 풀면

$$M = \frac{T^2}{4l}W$$

가 되어, 질량이 무게에 비례한다는 것을 알 수 있다.[3)]

[공식 2-6 : 달의 가속도]
달이 지구를 중심으로 원운동할 때 달의 가속도는 지구쪽으로 향하는 방향이고 가속도의 크기는 달의 속력의 제곱에 비례하고 달과 지구 사이의 거리에 반비례한다.

뉴턴은 케플러 법칙을 증명하기에 앞서 달이 지구 주위를 도는 원운동에 대해 연구했다. 뉴턴은 프린키피아를 통해 아주 짧은 시간 물체가 이동했을 때를 고려했다. 뉴턴은 먼저 갈릴레이의 연구내용을 참고했다. 갈릴레이는 비스듬히 던진 물체가 포물선 운동을 한다는 것을 다음과 같이 설명했다. 물체를 비스듬히 던졌을 때 물체가 힘을 받지 않으면 물체는 직선 운동을 하게 된다.

---

3) 뉴턴은 진폭이 아주 작은 경우를 생각해 이 결과를 얻었다. 뉴턴의 공식대로라면 주기는 $T = 2\sqrt{\frac{l}{g}}$ (g는 중력가속도)가 된다. 만일 진자의 운동이 원운동의 일부분이라는 점을 고려하면 이 공식을 올바른 공식인 $T = 2\pi\sqrt{\frac{l}{g}}$로 바뀌게 된다.

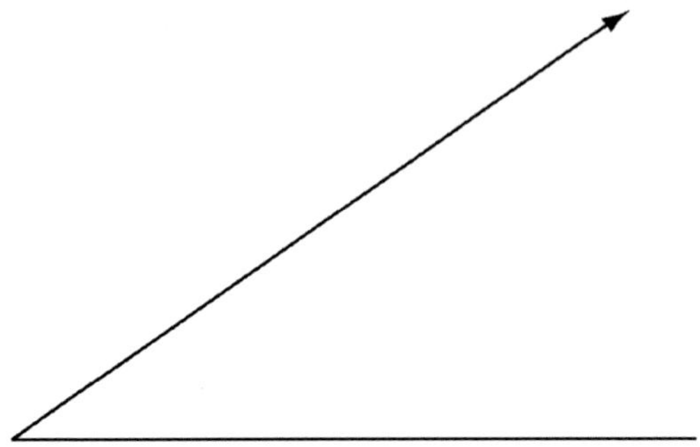

[그림 2.8]

하지만 물체는 지구가 잡아당기는 힘을 받고 이 힘에 의해 물체가 시간의 제곱에 비례한 만큼 낙하하므로 물체는 다음 그림과 같이 포물선을 그리게 된다.

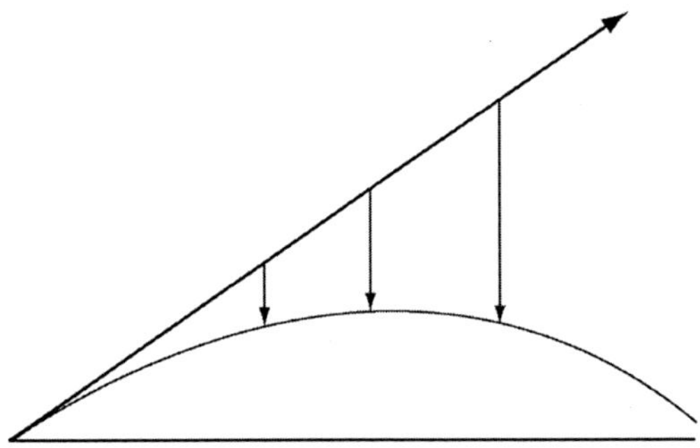

[그림 2.9]

뉴턴은 이 생각을 달에 적용했다. 다음 그림을 보자.

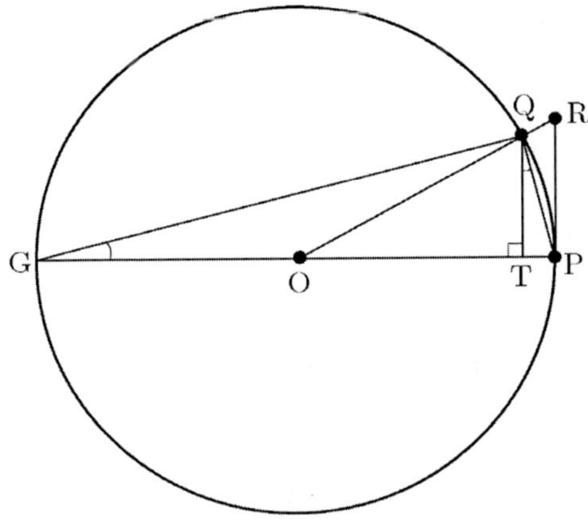

[그림 2.10]

위 그림처럼 달이 P에서 Q로 아주 짧은 시간동안 움직이는 운동을 보자. 지구의 위치는 원의 중심 O이다. 만일 지구가 달을 잡아당기는 힘(중력)이 없다면 달은 P에서 접선방향인 R쪽으로 직선운동을 한다. 달의 속력이 v로 일정하다고 하면 달이 시간 t동안 움직인 거리는

$$\mathrm{PR} = vt$$

가 된다. 하지만 실제로는 중력 때문에 달은 지구 중심방향으로 낙하해 원 위의 또 다른 점 Q에 오게 된다. 여기서 RQ는 시간 t 동안 물체가 낙하한 거리이므로 가속도를 a라고 하면

$$\mathrm{RQ} = \frac{1}{2}at^2$$

이 된다. 따라서

$$\mathrm{RQ} = \frac{1}{2}a\left(\frac{\mathrm{PR}^2}{v^2}\right)$$

이 된다. 아주 짧은 시간동안 움직이는 경우 P와 Q가 거의 같아지

므로

$$\mathrm{RQ} \cong \mathrm{PT}$$
$$\mathrm{PR} \cong \mathrm{TQ}$$

가 된다. 따라서 위 식은

$$\mathrm{PT} = \frac{1}{2}a\left(\frac{\mathrm{QT}^2}{v^2}\right)$$

이 된다. 한편 삼각형 GQT와 삼각형 QPT를 보자. $\angle\mathrm{GQP}$는 원의 지름에 대한 원주각이므로

$$\angle\mathrm{GQP} = 90°$$

이다. 그러므로 $\angle\mathrm{QGT} = \angle\mathrm{PQT}$이다. 따라서 삼각형 GQT와 삼각형 QPT는 닮음이다. 그러므로

$$\mathrm{PT} : \mathrm{QT} = \mathrm{QT} : \mathrm{GT}$$

가 된다. 이 식에서

$$\mathrm{PT} = \frac{\mathrm{QT}^2}{\mathrm{GT}}$$

이므로

$$\frac{\mathrm{QT}^2}{\mathrm{GT}} = \frac{1}{2}a\left(\frac{\mathrm{QT}^2}{v^2}\right)$$

이다. 이 식으로부터 가속도는

$$a = 2\frac{v^2}{\mathrm{GT}}$$

가 된다. P가 Q에서 가까워지면 T와 P가 같은 점이 되어

$$\mathrm{GT} \cong \mathrm{GP} = 2 \times \mathrm{OP}$$

가 된다. 그러므로

$$a = \frac{v^2}{\mathrm{OP}}$$

가 된다.

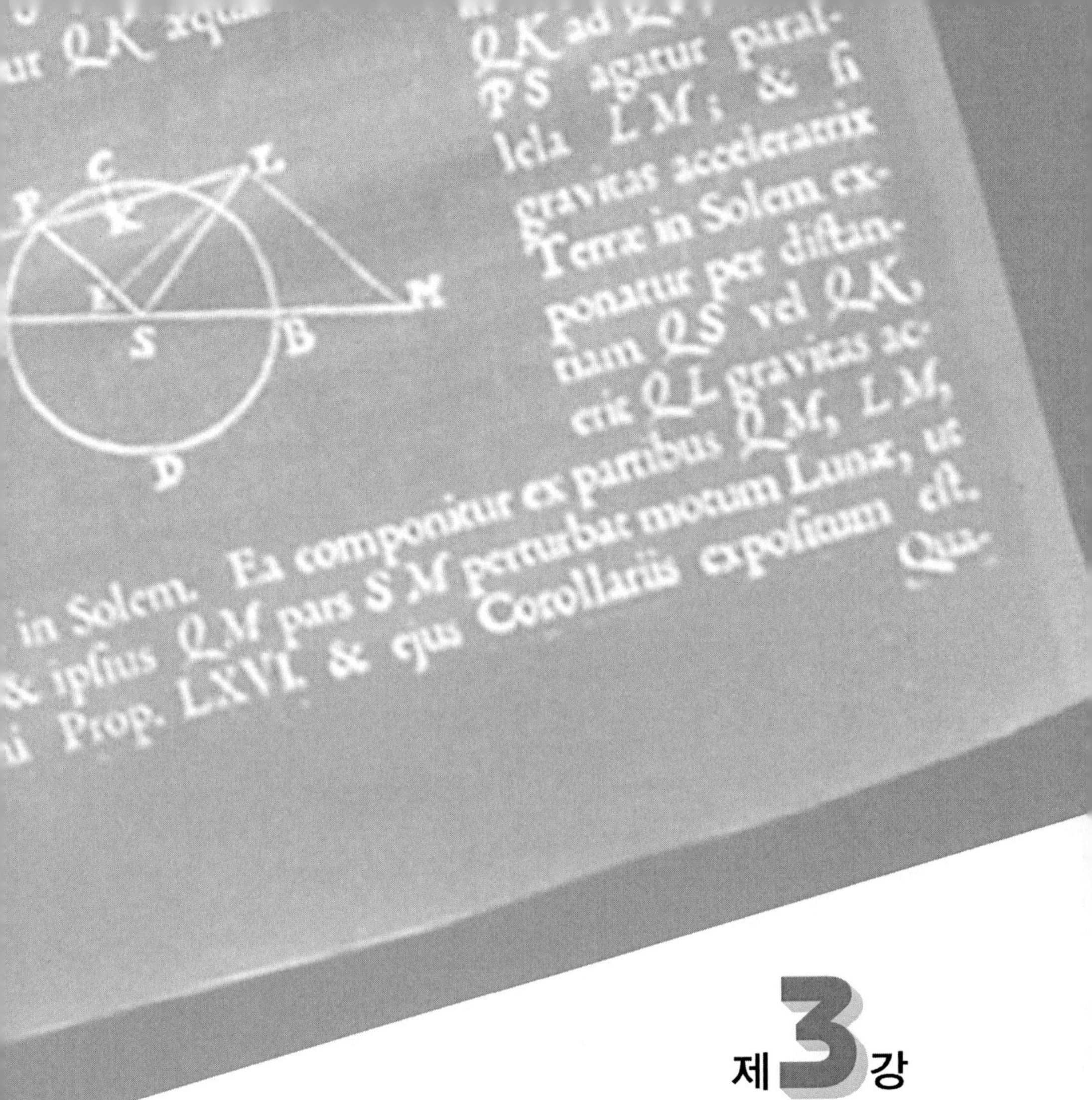

제 3 강

미분과 적분의 발견

이 장에서 뉴턴은 수학의 역사에 길이 남을 미분과 적분의 기본 개념을 소개한다. 뉴턴이 프린키피아에서 미분과 적분에 할애한 부분은 매우 적지만 미분과 적분의 가장 근본이 되는 개념을 이 장에서 배울 수 있다. 미분과 적분의 수 많은 공식들은 뉴턴과 같은 시대에 살았던 독일의 라이프니츠가 만들어낸다.

[정리 3-1 : 부정형의 극한에 대한 정리]

시간에 의존하는 두 양 $X(t)$와 $Y(t)$를 생각하라. 시간 t가 임의의 시각 t_1으로 가까이 갈 때 $\frac{X(t)}{Y(t)}$이 1에 가까워진다면

$$X(t_1) = Y(t_1)$$

이다.

이 정리는 미분의 탄생을 알려주는 뉴턴의 첫 번째 정리이다. 이것을 극한 기호를 이용해서 쓰면

$$\lim_{t \to t_1} \frac{X(t)}{Y(t)} = 1 \text{ 이면 } X(t_1) = Y(t_1)$$

이라는 식이 된다.

예를 들어, 다음 극한을 보자.

$$\lim_{x \to 1} \frac{x^2 - 1}{2(x-1)} = 1$$

이때 $x = 1$을 분자에 넣으면 0이 되고 분모에 넣으면 0이 되어 같아진다. 즉, 뉴턴의 극한에 대한 정의는 우리가 고등학교에서 배우는 극한의 정의와 일치한다.

[정리 3-2 : 적분에 대한 정리]

아래 그림과 같은 곡선 $abcdE$를 생각하라. 이때 선분 AE를 B, C, D에 의해 4등분한다. 이때 점 B에서의 연직선이 곡선과 만나는 점을 b라고 하고 아래 그림처럼 직사각형 $alBA$와 직사각형 $KbBA$를 만들자. 이때 곡선 ab는 직사각형 $albK$안에 놓이게 된다. 같은 방법을 점 C, D에 대해서도 수행하자. 만일 선분 AE를 무한히 잘게 나눈다면 곡선 아래 있는 직사각형의 넓이의 합과 곡선 위에 있는 직사각형의 넓이의 합은 곡선 아래의 넓이와 같아진다.

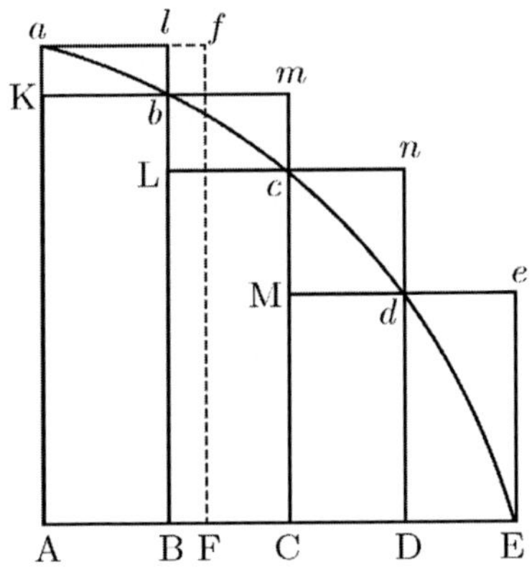

[그림 3.1]

이것을 뉴턴의 구분구적법이라고 부르는데 바로 적분의 기본 정의가 된다. 뉴턴은 재미있는 방법으로 이 정리를 증명했다.

(곡선 위쪽의 직사각형의 넓이의 합) − (곡선 아래쪽의 직사각형의 넓이의 합)

= (직사각형 $alBA$의 넓이)

$= Aa \times AB$

가 된다. 선분 AE의 길이를 무한히 잘게 나누면 선분 AB의 길이는 0에 가까워지므로 (직사각형 $alBA$의 넓이) 역시 0에 가까워진다. 그러므로

(곡선 위쪽의 직사각형의 넓이의 합)=(곡선 아래쪽의 직사각형의 넓이의 합)

이 된다.

이 정리는 적분이 면적에 의해 정의되는 것을 나타낸다. 즉, 요즘 기호를 이용하면 적분은 곡선 아래의 면적을 의미한다. 다음 그림을 보라.

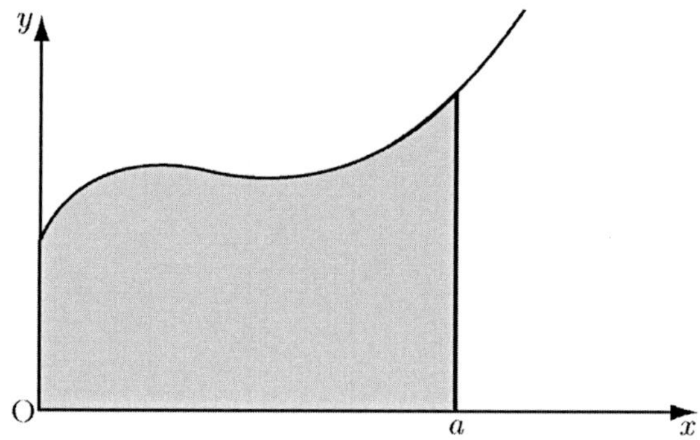

[그림 3.2]

위 그림에서 빗금친 부분의 넓이는 $x=0$에서 $x=a$까지 함수 $y=f(x)$아래의 면적이다. 이것을 지금의 기호로 쓰면

$$\int_0^a f(x)dx$$

가 된다. 뉴턴은 비록 적분 기호를 만들지 않았지만 적분이 면적에 의해 정의됨을 알아냈다.

[정리 3-3 : 닮음]
두 도형이 닮음이면 대응하는 변은 서로 비례하고 넓이는 변의 길이의 제곱에 비례한다.

이것은 유클리드 『원론』에 나와 있는 내용이다. 유클리드의 원론은 고대 그리스의 기하학을 집대성한 책이다. 닮음은 아주 오래전부터 알려져 있었다. 뉴턴은 프린키피아를 집필하면서 가장 많이 사용한 것이 닮음의 성질이다.

닮음에 대해서는 고대 그리스 최초의 수학자인 탈레스의 업적이 떠오른다. 탈레스는 합동과 닮음을 측량에 이용했다.

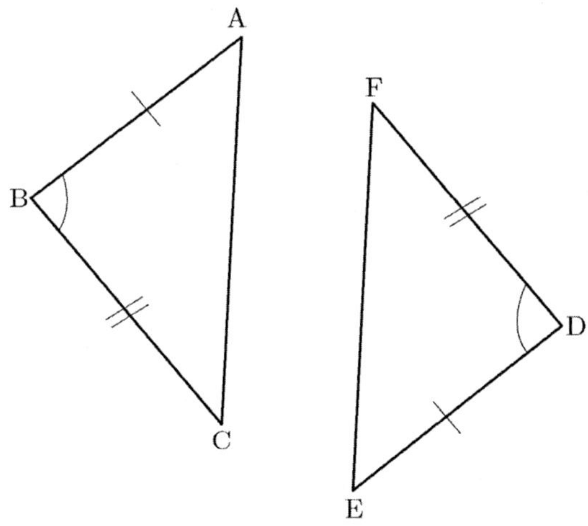

[그림 3.3]

예를 들어 두 삼각형이 합동이 되려면 다음과 같은 세 경우 중 한 조건을 만족해야한다.

(1) 대응하는 세 변의 길이가 같다. (SSS 합동조건)

(2) 대응하는 두 변의 길이가 같고 그 사잇각의 크기가 같다. (SAS 합동조건)

(3) 대응하는 한 변의 길이가 같고 양 끝각의 크기가 같다. (ASA 합동조건)

합동이란 두 도형이 완전히 포개어진다는 얘기이다. 즉 두 삼각형이 합동이면 두 삼각형은 완전히 똑같다. 그러므로 서로 대응하는 변의 길이도 같고 대응하는 각의 크기도 같다. 합동인 위 두 삼각형에서 변 AB와 대응하는 변은 변 DE이다. 그러므로 변 AB의 길이와 변 DE의 길이가 같다. 변의 길이가 같은 것끼리 써보면 다음과 같다.

변 AB의 길이=변 DE의 길이

변 AC의 길이=변 EF의 길이

변 BC의 길이=변 DF의 길이

마찬가지로 서로 대응하는 각의 크기가 같으니까 다음과 같다.

$$\angle A = \angle E$$

$$\angle B = \angle D$$

$$\angle C = \angle F$$

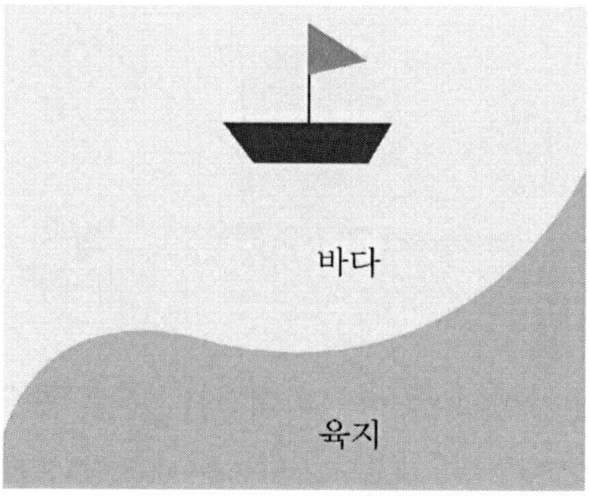

[그림 3.4]

탈레스는 삼각형의 합동을 이용하여 바다에 떠 있는 배까지의 거리를 계산했다.

배의 위치를 A라고 해보자. 그리고 점 B에서 배까지의 거리를 구한다고 해보자.

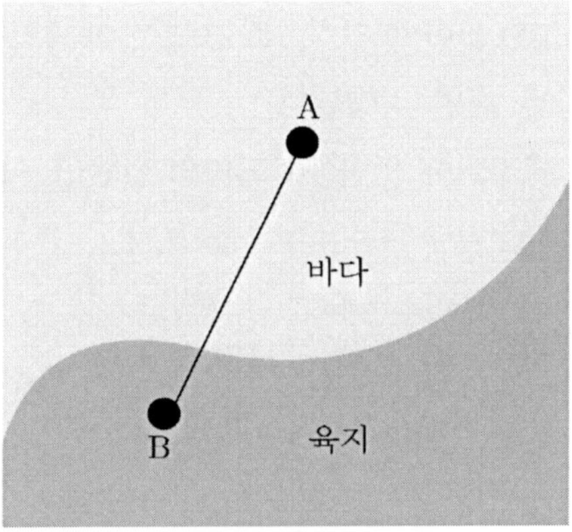

[그림 3.5]

탈레스는 육지 쪽에 또 다른 점 C를 잡았다.

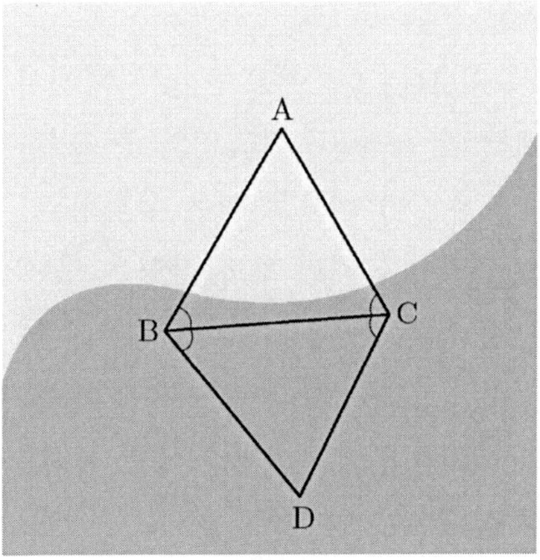

[그림 3.6]

∠CBA를 측정하여 그것과 같은 크기의 각이 되게 ∠CBD를 만들고, ∠ACB와 같은 크기의 각이 되게 ∠BCD를 만들어 점 D를 결정하자. 이때 삼각형 ABC와 삼각형 DBC를 보면 한 변의 길이와 양 끝 각이 같다. 탈레스는 이 경우도 두 삼각형이 합동이라는 것을 알아냈다. 그러면 변 AB에 대응하는 변은 변 BD이니까 변 AB의 길이와 변 BD길이가 같다. 즉 B에서 배까지의 거리는 B에서 D까지의 거리를 재면 결정된다.

또한 탈레스는 이집트에 있을 때 도형의 닮음을 이용해 피라미드의 높이를 알아냈다. 다음 두 삼각형을 보자.

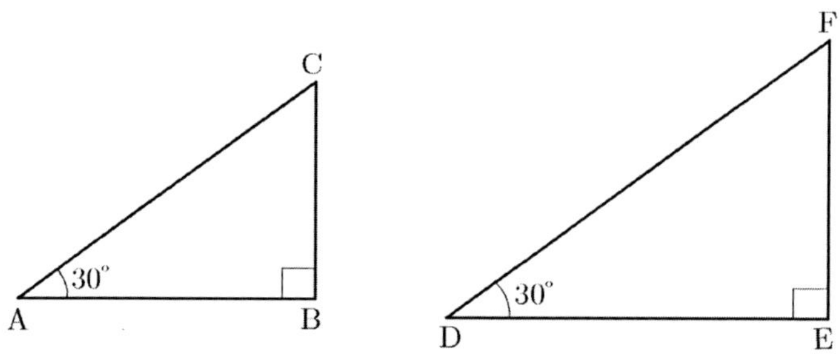

[그림 3.7]

작은 삼각형에서 각 B는 90°이고 큰 삼각형에서 각 E도 90°이다. 작은 삼각형에서 각 A와 큰 삼각형의 각 D는 30°로 같다. 삼각형에서 세 각의 합은 180°이므로 작은 삼각형의 각 C와 큰 삼각형의 각 F는 60°가 된다. 그러면 두 삼각형은 세 각이 모두 같은데 이럴 때 두 삼각형은 닮음 관계에 있다고 한다. 두 삼각형이 닮음 관계에 있으면 서로 대응하는 변의 길이의 비가 같다.

삼각형은 세 변으로 이루어져 있다. 작은 삼각형은 변 AB, 변 BC, 변 CA로, 큰 삼각형은 변 DE, 변 EF, 변 FD로 이루어져 있다. 이때 같은 위치에 놓여 있는 변이 대응변이다. 변 AB에 대응변은 변 DE이고, 변 BC의 대응변은 변 EF이고, 변 AC의 대응변은 변 DF이다. 그러니까 대응변의 길이의 비가 같다는 것은

$$AB : DE = BC : EF = AC : DF$$

라는 걸 말한다.

탈레스는 닮음의 성질을 이용해 피라미드의 높이를 알아냈다. 탈레스는 피라미드 앞에 길이가 1미터 되는 막대기를 세워놓았다. 그러면 피라미드의 그림자와 막대기의 그림자가 생긴다.

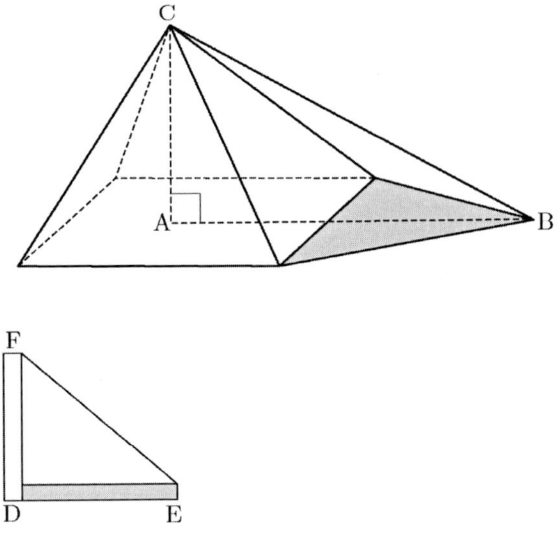

[그림 3.8]

탈레스는 피라미드의 그림자의 길이와 1m짜리 막대의 그림자의 길이를 측정하면 닮음을 이용해 피라미드의 높이를 구할 수 있다는 것을 알았다.

그림에서 피라미드의 높이는 AC이고 AB는 피라미드의 그림자 길이이고 DF는 막대기의 길이인 1m이며 DE는 막대기의 그림자

의 길이이다. 삼각형 ABC와 삼각형 DEF는 닮음 관계에 있으므로 다음과 같은 비례식을 쓸 수 있다.

$$AC : AB = DF : DE$$

만일 DE가 0.9m이고 AB가 90m라고 하면

$$AC : 90 = 1 : 0.9$$

가 되어

$$0.9 \times AC = 90$$

가 되어

$$AC = 100$$

이 된다. 즉, 이 경우 피라미드의 높이는 100m가 된다.

프린키피아에서 자주 사용되는 삼각형의 닮음 조건은 다음과 같다.

(1) 세 쌍의 대응하는 변의 길이의 비가 같다.
(2) 두 쌍의 대응하는 변의 길이의 비가 같고, 그 끼인각의 크기가 같다.
(3) 두 쌍의 대응하는 각의 크기가 같다.

[정리 3-4 : 미분]

아래 그림처럼 곡선위의 점 A, B를 생각하라. 점 A에서 곡률의 중심 방향으로 직선을 그려 직선위의 한 점을 J라고 하자. 선분 JB의 연장선과 점 A에서의 접선이 만나는 점을 D라고 하자. 이때 점 B가 점 A에 한없이 가까워지면 호 AB의 길이와 현 AB의 길이와 접선 AD의 길이는 모두 같아지고 ∠BAD는 0에 가까워진다.

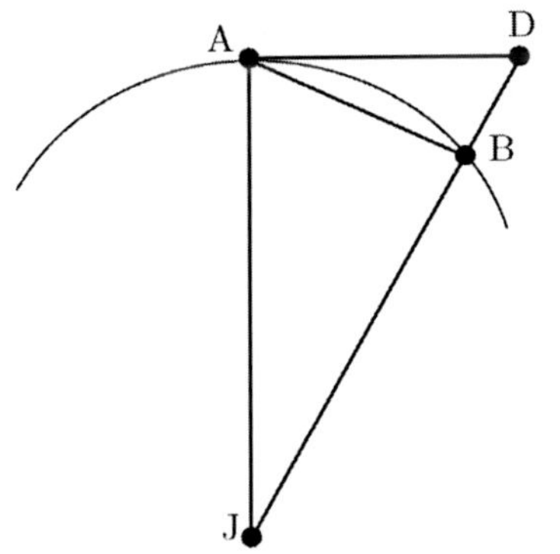

[그림 3.9]

곡률이란 곡선이 얼마나 휘어져 있는지를 나타내는 양이다. 예를 들어 다음과 같은 임의의 곡선을 보자.

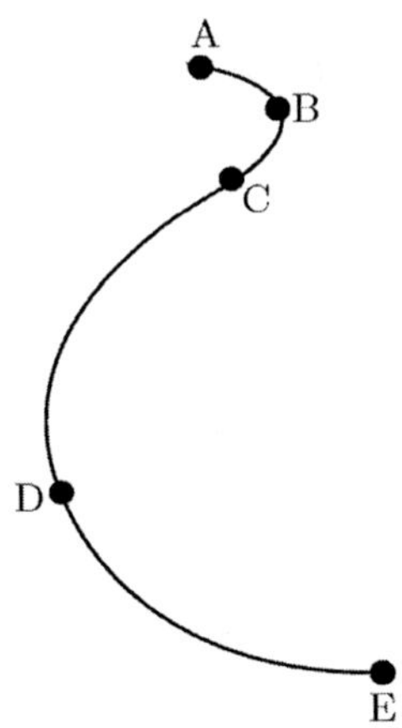

[그림 3.10]

A에서 B, C, D를 거쳐 E로 가는 운동을 생각하자. A에서 B를

거쳐 C로 갈 때와 C에서 D를 거쳐 E로 갈 때 곡선의 휘어진 정도가 다르다. 다음 그림과 같이 점 B에서 곡선에 가장 잘 일치하는 원을 그리고 그 원의 중심을 P라고 하고, 점 D에서 곡선에 가장 잘 일치하는 원을 그리고 그 원의 중심을 Q라고 하자.

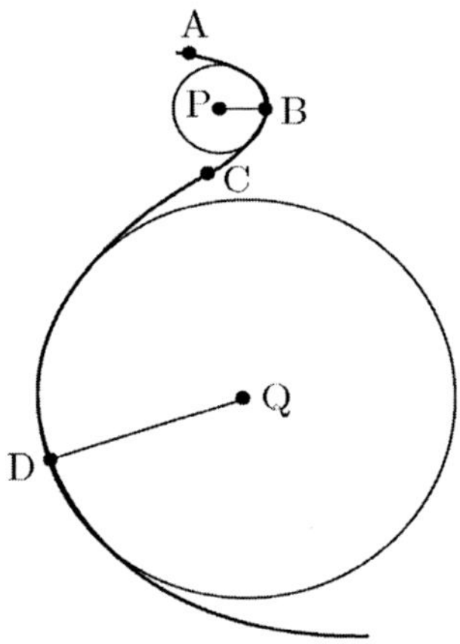

[그림 3.11]

이때 P와 Q를 곡률의 중심이라고 한다. 그럼 점 B에서 곡률의 중심이 P인데 이때 PB의 길이를 곡률반지름이라고 부른다. 마찬가지로 점 D에서 곡률의 중심이 Q이므로 이 경우 곡률 반지름은 QD이다. 곡률반지름이 작을수록 곡률이 크다고 말한다. 즉 이 경우 곡선이 더 많이 휘어져 있음을 의미한다.

뉴턴은 이 정의를 통해 함수의 미분을 정의했다. 예를 들어 다음과 같은 곡선 $y=f(x)$을 생각하자.

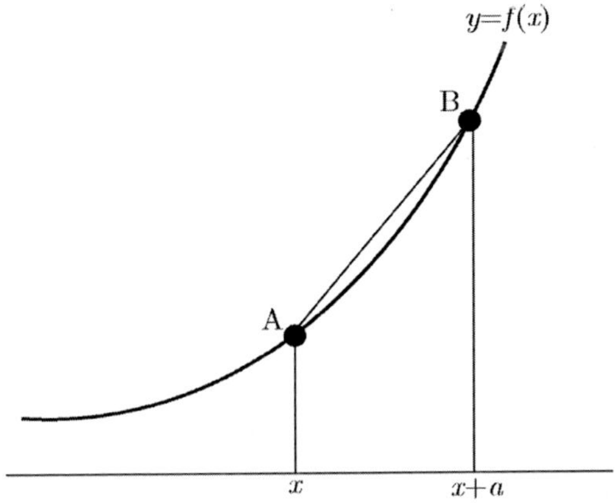

[그림 3.12]

곡선 위의 두 점 A와 B를 생각하라. 이때 A의 x좌표가 x이고 B의 x좌표가 $x+a$라고 하자. 이때 직선 AB의 기울기는

$$\frac{f(x+a)-f(x)}{(x+a)-x}$$

가 된다. 이때 B가 A에 한없이 가까워지면 직선 AB는 A에서의 접선과 일치한다. 그 때 직선 AB의 기울기는 점 A에서의 접선의 기울기가 된다. B가 A에 한없이 가까워지는 것은 a가 한없이 0에 가까워지는 것을 의미하므로

$$(\text{점 A에서 접선의 기울기})=\lim_{a\to 0}\frac{f(x+a)-f(x)}{(x+a)-x}$$
$$=\frac{df}{dx}$$

가 되어 고등학교 수학에서 배우는 미분의 정의가 된다.

예를 들어 함수 $y=x^2$을 보자. 이 그래프의 모양은 다음과 같다.

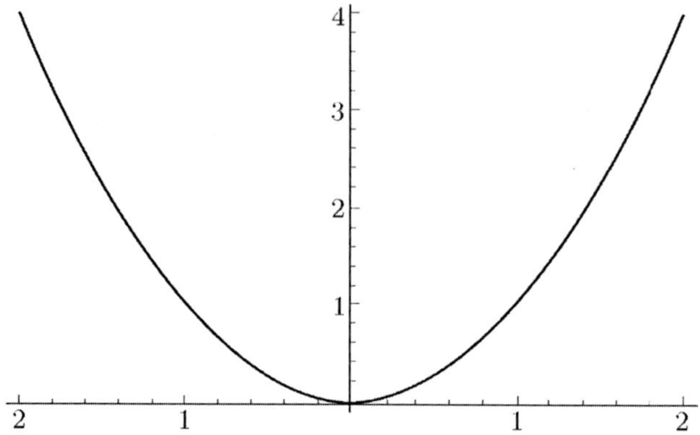

[그림 3.13]

함수 $y=x^2$ 에서 x가 1에서 2로 변할 때 평균변화율을 먼저 알아보자. $x=1$일 때 $y=1$ 이고 $x=2$ 일 때 $y=4$가 되므로 x는 1에서 2로 1만큼 변했고 y는 1에서 4로 3만큼 변한다. 이때 x의 변화량을 Δx 라고 쓰고 y의 변화량을 Δy라고 쓰면

$$\Delta x = 2-1 = 1$$
$$\Delta y = 4-1 = 3$$

이 된다. 이때 $\frac{\Delta y}{\Delta x}$를 평균변화율이라고 부른다. 함수 $y=x^2$ 에서 x가 1에서 2로 변할 때 평균변화율은

$$\frac{\Delta y}{\Delta x} = \frac{4-1}{2-1} = 3$$

이 된다. 이때 평균변화율은 (1,1)에서 (2,4)를 지나는 직선의 기울기이다. 다음 그림 [3.14]은 (1,1)에서 (2,4)를 지나는 직선을 보여준다.

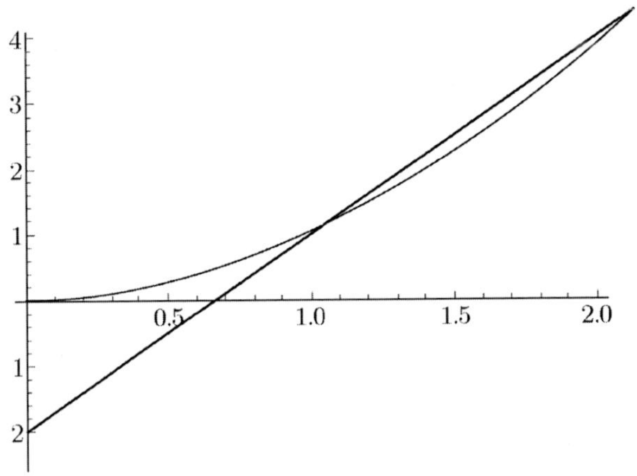

[그림 3.14]

일반적으로 함수 $y=f(x)$에서 x의 값이 a에서 b로 변할 때 평균변화율 $\frac{\Delta y}{\Delta x}$는 다음과 같이 정의된다.

$$\frac{\Delta y}{\Delta x}=\frac{f(b)-f(a)}{b-a}=\frac{f(a+\Delta x)-f(a)}{\Delta x}$$

이제 순간변화율에 대해 알아보자. 순간변화율은 Δx가 0에 가까워질 때의 평균변화율을 말한다. 그러니까 x가 a에서 $a+\Delta x$로 변할 때의 순간변화율은

$$\lim_{\Delta x \to 0}\frac{f(a+\Delta x)-f(a)}{\Delta x}$$

이다. 이것을 함수 $y=f(x)$의 $x=a$에서의 미분계수라고 부르고 $f'(a)$라고 쓴다.

$$f'(a)=\lim_{\Delta x \to 0}\frac{f(a+\Delta x)-f(a)}{\Delta x}$$

$x=a$에서의 미분계수는 점 $(a, f(a))$에서 곡선에 접하는 직선의

기울기를 말한다. 이렇게 어떤 곡선에 접하는 직선을 접선이라고 부른다. 아래 그림은 $y=x^2$ 위의 한점 (1,1)에서 접선을 나타낸 것이다.

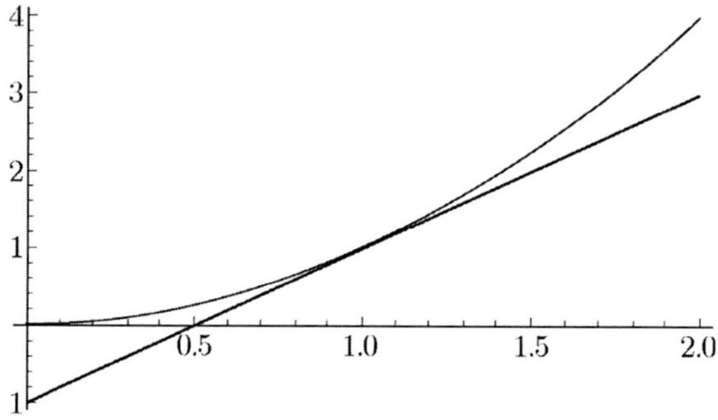

[그림 3.15]

즉, 뉴턴은 정리 3-4에서 평균변화율의 극한이 순간변화율이 됨을 알아낸 것이다.

> **[제곱법칙의 증명]**
> 정지해 있던 물체가 외부의 힘을 받아 움직일 때 아주 짧은 시간동안을 관찰하면 물체가 움직인 거리는 시간의 제곱에 비례한다.

뉴턴은 이것을 증명하는 데 있어서 아주 짧은 시간을 강조했다. 즉, 물체가 어떤 운동을 하던 처음의 아주 짧은 시간 동안은 거리가 시간의 제곱에 비례한다. 뉴턴의 아이디어를 적분을 이용해 증명해 보자. 다음 그림을 보라.

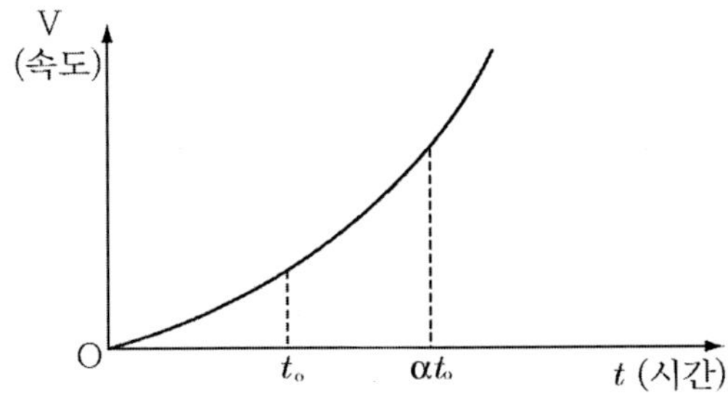

[그림 3.16]

위 그림은 속도와 시간과의 관계를 나타내는 그래프 이므로 시간 t_0동안 물체가 움직인 거리는

$$\int_0^{t_0} v(t)dt$$

가 되고, 시간 αt_0동안 물체가 움직인 거리는

$$\int_0^{\alpha t_0} v(t)dt$$

이다. 한편 t가 아주 작으면 0과 t사이에서 평균변화율은 미분과 같아지므로

$$v'(0) = \frac{v(t) - v(0)}{t - 0}$$

가 되고, 물체의 처음 속도가 0이므로

$$v(t) \cong v'(0)t$$

가 된다. 그러므로

$$\int_0^{t_0} v(t)dt \ : \ \int_0^{\alpha t_0} v(t)dt = \int_0^{t_0} v'(0)tdt \ : \ \int_0^{\alpha t_0} v'(0)tdt$$

$$= 1 \ : \ \alpha^2$$

이 되어, 시간이 α배 늘어나면 거리는 α^2배 늘어난다.

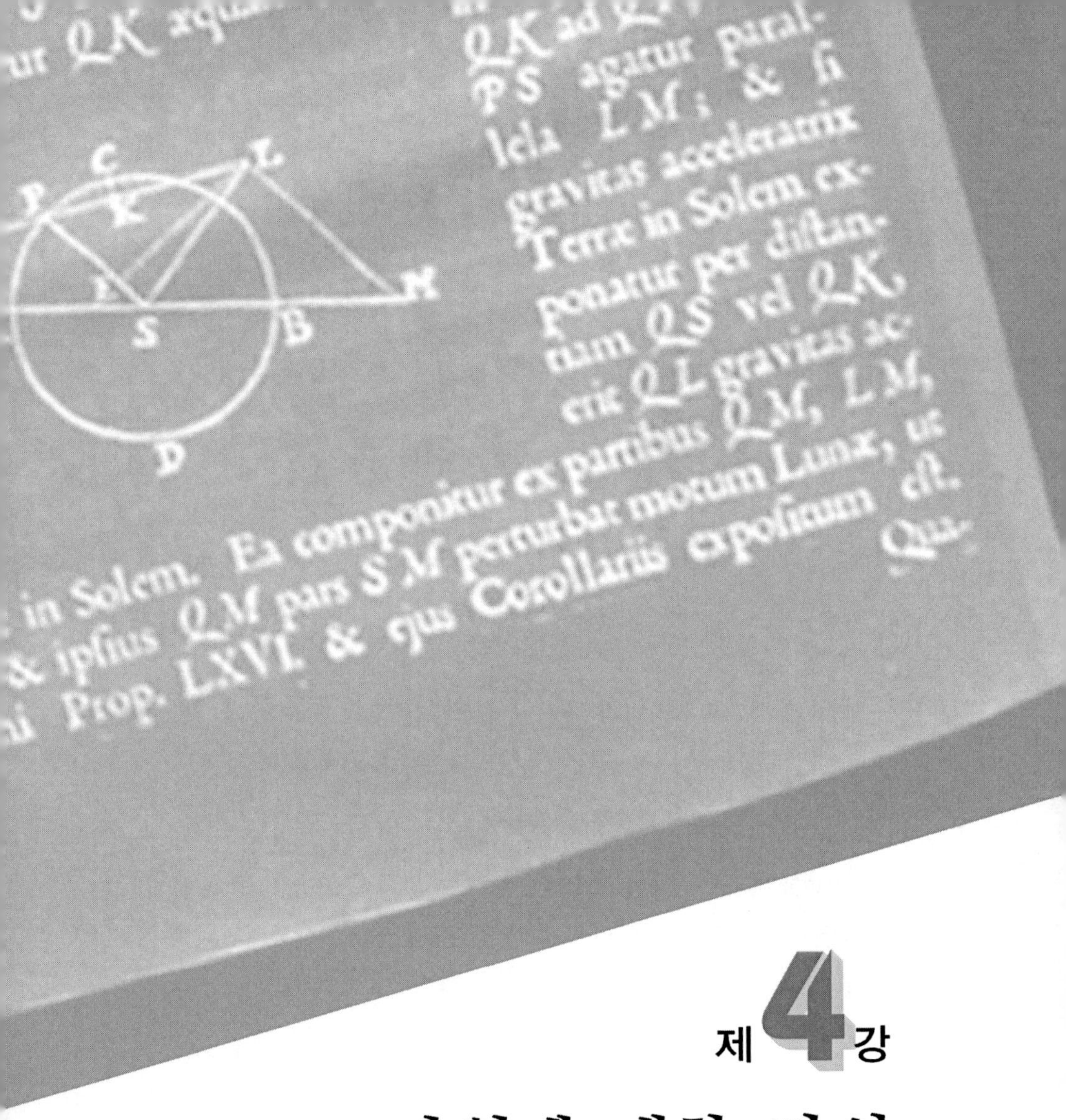

QK ad QL
PS agatur paral-
lela LM ; & si
gravitas acceleratrix
Terræ in Solem ex-
ponatur per distan-
tiam QS vel QK,
erit QL gravitas ac-
in Solem. Ea componitur ex partibus QM, LM,
& ipsius QM pars SM perturbat motum Lunæ, ut
Prop. LXVI. & ejus Corollariis expositum est.
Qua-

제 4 강

타원에 대한 강의

타원은 찌그러진 원이라는 뜻이다. 아래 그림처럼 F와 G에 두 개의 압핀을 꽂고 두 개의 압핀에 실을 헐렁하게 연결한 후 실에 펜을 대고 그리면 타원이 만들어지는 데 이때 압핀이 꽂혀 있는 두 위치인 F와 G를 타원의 초점이라고 부른다.

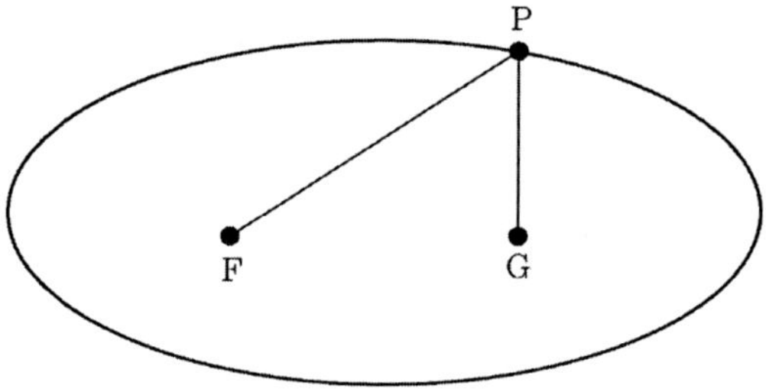

[그림 4.1]

실의 길이가 일정하니까 타원위의 점들은 두 초점으로 부터의 거리의 합이 일정하다. 타원 위의 임의의 한 점을 P라고 하면

$$\overline{PF} + \overline{PG} = \text{실의 길이} = \text{일정}$$

원 위의 모든 점은 원의 중심으로부터 같은 거리에 있는데 타원 위의 점은 중심으로부터 거리가 같지 않다. 타원을 이해하려면 원부터 이해해야한다.

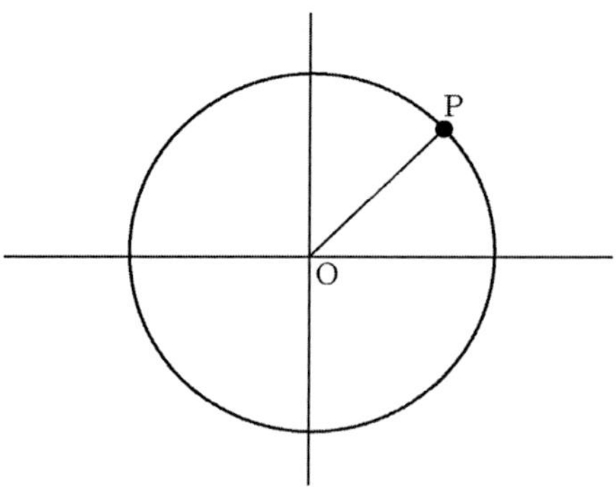

[그림 4.2]

점 P를 원 위를 움직이는 임의의 점이라고 하면 점 P가 원위의 어느 곳에 있던 OP의 길이는 달라지지 않는데 이 길이를 원의 반지름이라고 부른다.

그렇다면 타원에도 반지름이 있을까? 다음 그림을 보자.

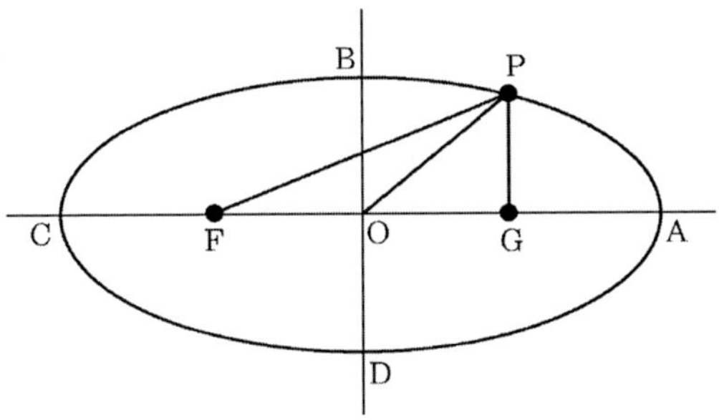

[그림 4.3]

점 P가 타원을 따라 움직이는 경우를 생각해보자. 이때 두 초점 F, G를 연결한 선분의 중점을 O라고 하면 이 점이 바로 타원의 중심이다. 점 P가 타원을 따라 움직이면 OP의 길이는 계속 달라진다. 점 P가 A를 출발해 B, C, D를 거쳐 다시 A로 돌아오는 경우를 생각하면 점 A는 점 O에서 가장 먼 곳이니까 점 P가 이곳에 있을 때 OP의 길이가 최대가 되었다가 B로 가는 동안 OP의 길이가 줄어들어 B에 도착하면 OP의 길이가 제일 작아진다. 그 다음 C로 가는 동안은 OP의 길이가 점점 길어져 C에 도착했을 때 OP의 길이가 최대가 된다. 이런 식으로 타원에서는 중심과 타원위의 점사이의 거리는 일정하지 않다.

타원에서는 중심에서 가장 멀리 떨어져 있을 때 중심으로부터의 거리를 긴반지름이라고 하고 가장 가깝게 떨어져 있을 때의 거리를 짧은반지름이라고 부른다. 즉, OA의 길이와 OC의 길이는 긴반지름이고 OB의 길이와 OD의 길이는 짧은반지름이다.

이제 타원의 중요한 성질을 살펴보자. 타원의 각 점은 두 초점으로부터 거리의 합이 일정하다는 점을 떠올리자. 점 P가 A에 있을 때 두 초점으로 부터의 거리의 합을 구해보자. 초점 G로부터의 거리는 GA의 길이이고 초점 F로부터의 거리는 FA의 거리가 되니까

$$(\text{두 초점으로 부터의 거리의 합}) = \overline{GA} + \overline{FA}$$

이다. 그런데 AF의 길이는 OA의 길이와 FO의 길이의 합이니까

$$\overline{AF} = \overline{AO} + \overline{FO}$$

이라고 쓸 수 있다. 마찬가지로 GA의 길이는 OA의 길이에서 OG의 길이를 뺀 길이니까

$$\overline{GA} = \overline{OA} - \overline{OG}$$

가 된다. 타원의 중심 O는 선분 FG의 중점이니까 OF의 길이와 OG의 길이는 같다. 그러므로

$$\overline{GA} = \overline{OA} - \overline{OF}$$

가 된다. 즉, 타원의 두 초점으로부터 거리의 합은

$$\overline{OA} - \overline{OF} + \overline{OA} + \overline{OF} = 2 \times \overline{OA}$$

가 된다.

타원위의 점과 두 초점과의 거리의 합은 긴반지름의 두 배이다.

이번에는 타원의 방정식을 구해보자. 다음과 같은 타원을 보자.

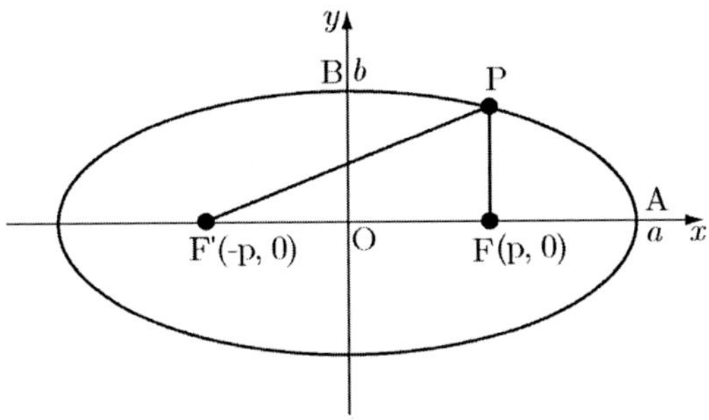

[그림 4.4]

타원의 두 초점을 $F(p,0)$, $F'(-p,0)$이라고 하면 타원위의 임의의 점 $P(x,y)$는

$$\mathrm{PF} + \mathrm{P\,F'} = 2a$$

를 만족한다. 즉,

$$\sqrt{(x-p)^2+y^2} + \sqrt{(x+p)^2+y^2} = 2a$$

가 된다. 이 식은

$$\sqrt{(x-p)^2+y^2} = 2a - \sqrt{(x+p)^2+y^2}$$

가 되고, 양변을 제곱하면

$$(x-p)^2+y^2 = 4a^2 - 4a\sqrt{(x+p)^2+y^2} + (x+p)^2+y^2$$

이 된다.

이 식을 정리하면

$$px + a^2 = a\sqrt{(x+p)^2+y^2}$$

이 된다. 양변을 제곱해 정리하면

$$\frac{x^2}{a^2} + \frac{y^2}{a^2-p^2} = 1$$

이 된다.

한편, 그림에서 점 B 역시 타원위의 점이므로

$$\mathrm{BF}+\mathrm{BF}'=2a$$

가 되고, $\mathrm{BF}=\mathrm{BF}'$ 이므로

$$\mathrm{BF}=a$$

이다. 삼각형 OFB에서 피타고라스 정리에 의해

$$\mathrm{FB}^2=\mathrm{OB}^2+\mathrm{OF}^2$$

이므로

$$a^2=b^2+p^2$$

이다. 그러므로 타원의 방정식은

$$\frac{x^2}{a^2}+\frac{y^2}{b^2}=1$$

이 된다.

이제 뉴턴이 케플러의 법칙으로부터 만유인력의 법칙을 찾아내는 데 결정적인 역할을 하는 타원에서의 반사법칙에 대해 살펴보자. 다음 그림과 같은 모양의 타원 당구대가 있다고 해보자.

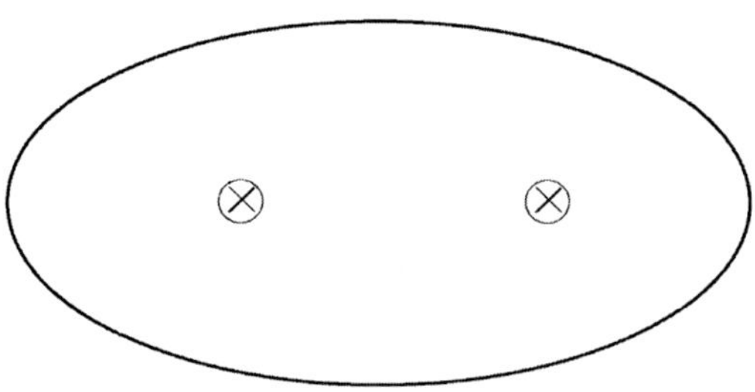

[그림 4.5]

X 표시를 한 곳은 타원의 두 초점이다. 타원의 한 초점에 파란 당구공이 놓여 있고 다른 초점에 붉은 당구공이 있다고 해보자.

이때 붉은 당구공을 벽으로 보내면 벽에 반사된 붉은 당구공은 항상 파란 당구공에 충돌한다. 여러분이 어느 방향으로 붉은 당구공을 보내든 항상 파란 당구공과 충돌하게 된다. 이것이 타원 당구대의 재미있는 성질이다.

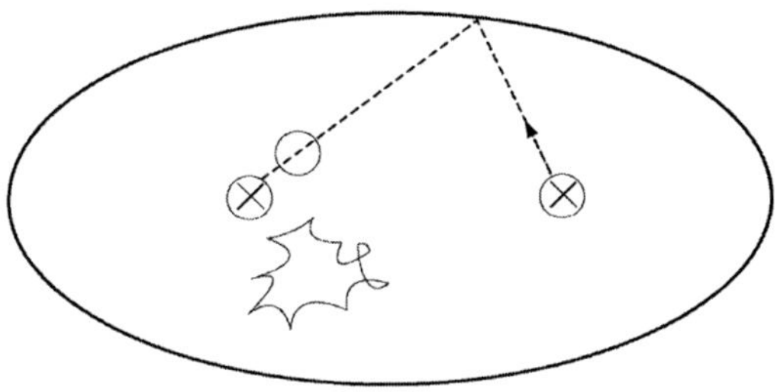

[그림 4.6]

이것은 두 공이 타원의 초점에 있기 때문이다. 한 초점에서 벽으로 간 당구공은 어느 방향으로 가든 벽에 반사되어 반드시 다른 초점으로 간다.

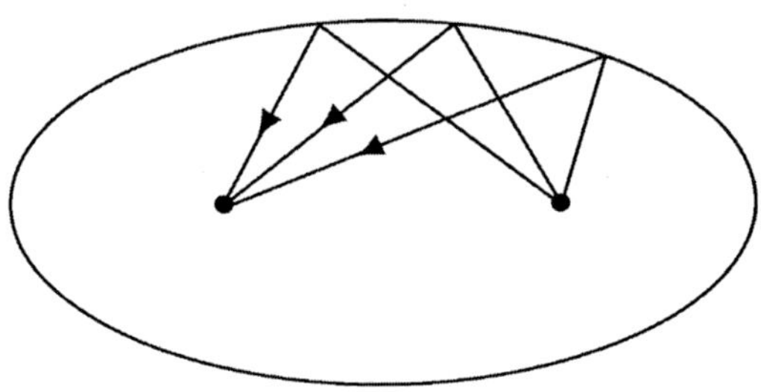

[그림 4.7]

왜 그런지 살펴보자. 이것을 이해하기 위해서는 반사법칙에 대해 조금 알 필요가 있다. 일반적으로 공이 벽에 반사될 때는 들어가는 각도와 튀어 나오는 각도가 같다. 조금 더 쉬운 예를 위해 당구대의 모양을 직사각형으로 바꿔 생각해보자.

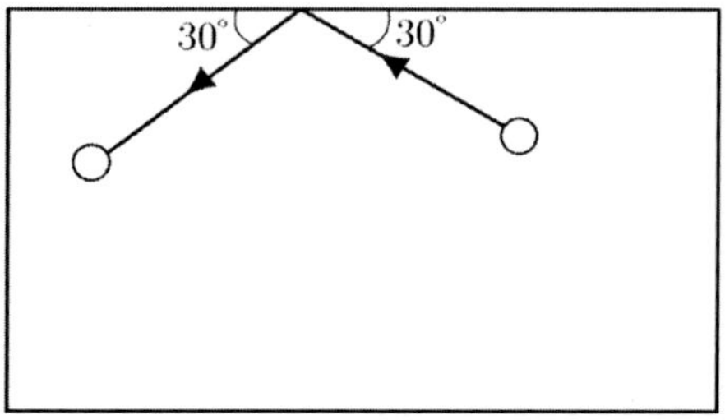

[그림 4.8]

당구공의 진행방향과 벽이 이루는 각이 30°일 때 반사되어 튀어 나온 공의 진행방향과 벽이 이루는 각도 똑같이 30°이다. 다른 각도로 벽과 충돌해도 두 각은 크기가 같아진다. 반사법칙은 원래 빛이 거울 면에 반사될 때 들어간 각도와 나온 각도가 같다는 데서 나왔다. 이것은 빛이 벽과 반사될 때 가장 짧은 길을 택하기 때문에 성립하는데 공이 벽에서 반사되는 경우도 빛의 반사와 같은 법칙을 따른다.

두 각의 크기가 같으면 왜 가장 짧은 길이가 될까? 다음 그림을 보자.

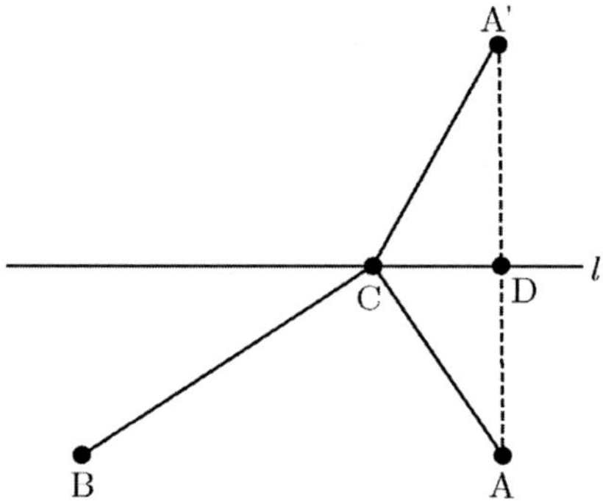

[그림 4.9]

벽을 나타내는 직선을 l이라고 하고 공이 A에서 시작해 C를 거쳐 B로 간다고 생각해보자. 그러면 공이 움직인 거리는 $\overline{AC}+\overline{BC}$가 된다. 그런데 A의 직선 l에 대한 대칭점을 A′이라고 해보자. 대칭에 의해서 CA의 길이와 CA′의 길이가 같고, ∠A′CD와 ∠ACD가 같으므로

$$\overline{AC}+\overline{BC}=\overline{A'C}+\overline{BC}$$

이다. 이때 $\overline{AC}+\overline{BC}$가 제일 작은 경우는 $\overline{A'C}+\overline{BC}$가 제일 작은 경우로 A′, C, B가 일직선을 이룰 때이다.

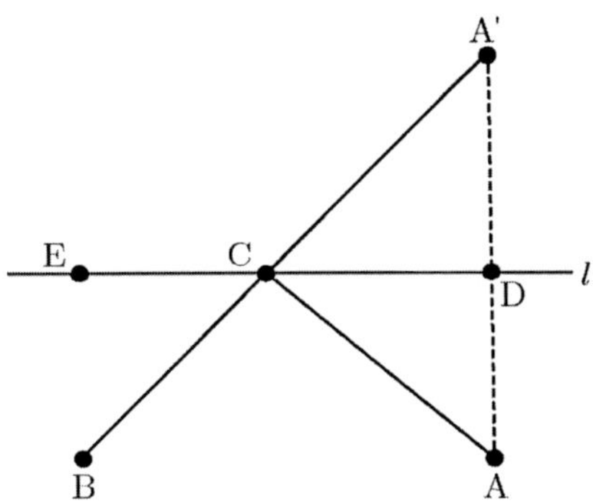

[그림 4.10]

이때 ∠A′CD와 ∠BCE는 맞꼭지각이니까 같고 ∠A′CD는 ∠ACD와 같으므로

$$\angle BCE=\angle ACD$$

이다. 즉, 반사 법칙이 성립될 때 공은 가장 짧은 거리를 움직인다.

이제 이 논리를 타원에 적용해보자. 타원의 벽은 직선이 아니기 때문에 타원에서 반사될 때는 충돌하는 점에서의 접선을 생각해야 한다.

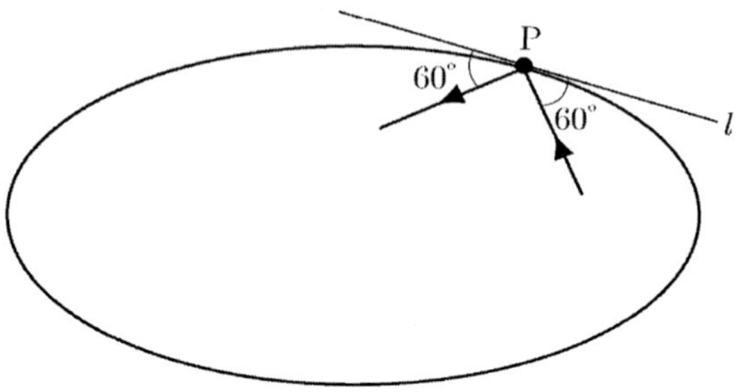

[그림 4.11]

이때 P로 들어가는 공의 진행방향이 P에서의 접선 l과 이루는 각이 60°이면 반사되어 튀어나오는 공의 진행방향이 접선 l과 이루는 각도 60°로 같다는 것이 바로 타원에서의 반사법칙이다.

이제 하나의 초점에서 벽과 충돌한 공이 같은 각도를 이루면서 반사되어 다른 초점으로 간다는 것을 증명해보자. 이것을 증명하기 위해 부정의 부정은 긍정이라는 논리를 사용한다. 다음 그림을 보자.

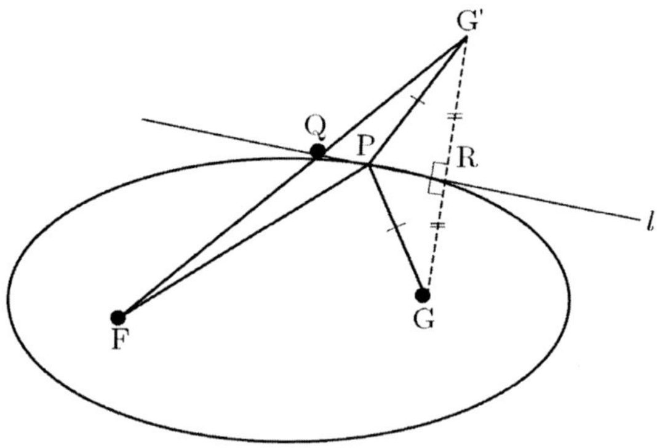

[그림 4.12]

점 P는 타원 위의 점이고 l은 P에서의 접선이고 F와 G는 타원의 두 초점이다. 점 G′은 점 G의 직선 l에 대한 대칭이 되는 점이

다. 점 R은 G와 G′을 잇는 직선이 l과 만나는 점이고. G′이 G의 대칭이 되는 점이므로

$$\overline{G'R} = \overline{RG}$$

$$\overline{PG'} = \overline{PG}$$

$$\angle G'PR = \angle GPR$$

이 된다. 한편 점 Q는 F와 G′을 잇는 직선이 l과 만나는 점이므로 점 Q와 점 R은 타원 위에 있는 점이 아니다.

타원에서는 G에서 P를 거쳐 F로 가는 거리가 제일 짧게 되도록 반사가 이루어진다. 즉, GP의 길이와 FP의 길이의 합이 제일 작아야한다. 그런데 GP의 길이는 G′P의 길이와 같으니까 G′P와 PF의 길이의 합이 제일 작을 때라고 말할 수도 있다. 즉, 세 점 G′, P, F가 일직선을 이룰 때 G′P와 PF의 길이의 합이 제일 작다는 것을 증명하면 된다.

세 점 G′, P, F가 일직선위에 없다고 가정하고 모순이 발생하는 것을 보이자. 논리적 모순이 생기면 가정이 잘못 된 것이니까 세 점 G′, P, F가 일직선위에 있다는 것을 증명하는 셈이 된다.

우선 Q는 타원 바깥의 점이니까 두 초점으로 부터의 거리의 합이 긴반지름의 두 배보다 크다. 점 P는 타원 위의 점이므로 두 초점에서 P까지의 거리의 합은 타원의 긴반지름의 두 배이다. 타원은 두 초점에 압핀을 놓고 그 사이에 줄을 걸어서 줄에 펜을 꽂아 그릴 수 있다고 했으므로 이 줄을 고무줄이라고 하고 고무줄을 잡아당겨 길이가 늘어나게 한 다음 펜으로 점을 그리면 그 점은 타원 바깥에 있게 되기 때문이다.

즉 Q가 타원 바깥에 있으니까

$$\overline{QF} + \overline{QG} > 2 \times (\text{긴반지름})$$

이 된다. P는 타원 위의 점이니까

$$\overline{PF}+\overline{PG}=2\times(\text{긴반지름})$$

이 된다. 두 식을 함께 쓰면

$$\overline{QF}+\overline{QG}>\ \overline{PF}+\overline{PG}$$

이 되고, G와 G′은 직선 l에 대해 대칭이니까 QG의 길이와 QG′의 길이가 같다. 그러므로

$$\overline{QF}+\overline{QG'}>\ \overline{PF}+\overline{PG} \qquad (1)$$

이 된다. 삼각형 G′FP에서 두 변의 길이의 합은 항상 나머지 길이보다 길고 FG′의 길이는 FQ의 길이와 QG′의 길이의 합이므로

$$\overline{QF}+\overline{QG'}<\ \overline{FP}+\overline{PG'}$$

이 된다. 한편 PG′의 길이는 PG의 길이와 같으니까

$$\overline{QF}+\overline{QG'}<\ \overline{FP}+\overline{PG} \qquad (2)$$

이 된다. (1)에서는 $\overline{QF}+\overline{QG}$ 가 $\overline{PF}+\overline{PG}$보다 크다고 했고, (2)에서는 $\overline{PF}+\overline{PG}$보다 작다고 했는데 이런 일을 불가능하다. 즉 모순이다. 그러므로 가정이 잘 못 되었음을 뜻한다. 우리가 세운 가정은 세 점 G′, P, F가 일직선위에 없다고 했는데 이 가정이 잘못되었으니까 우리는 세 점 G′, P, F가 일직선위에 있다는 것을 증명한 셈이다.

즉 세 점 F, P, G′이 일직선 위에 있을 때가 G′P와 PF의 합이 제일 작아진다. 이때 P와 Q는 같은 점이 되고 그 때 ∠MPF와 ∠G′PR은 맞꼭지각으로 같고 대칭에 의해 ∠G′PR은 ∠GPR과 같으므로

$$\angle MPF=\angle GPR$$

이 되어 타원에서의 반사법칙이 성립한다.

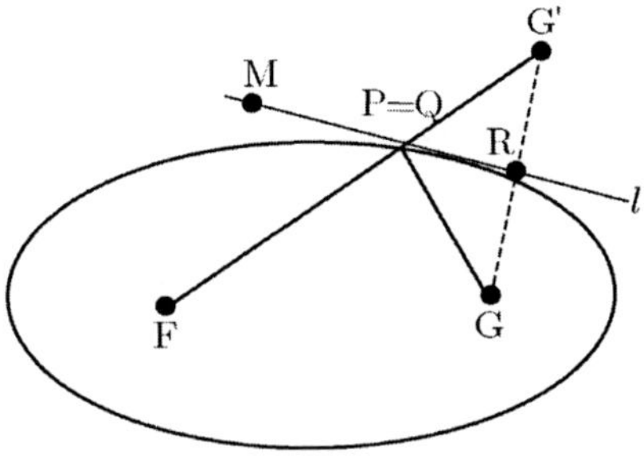

[그림 4.13]

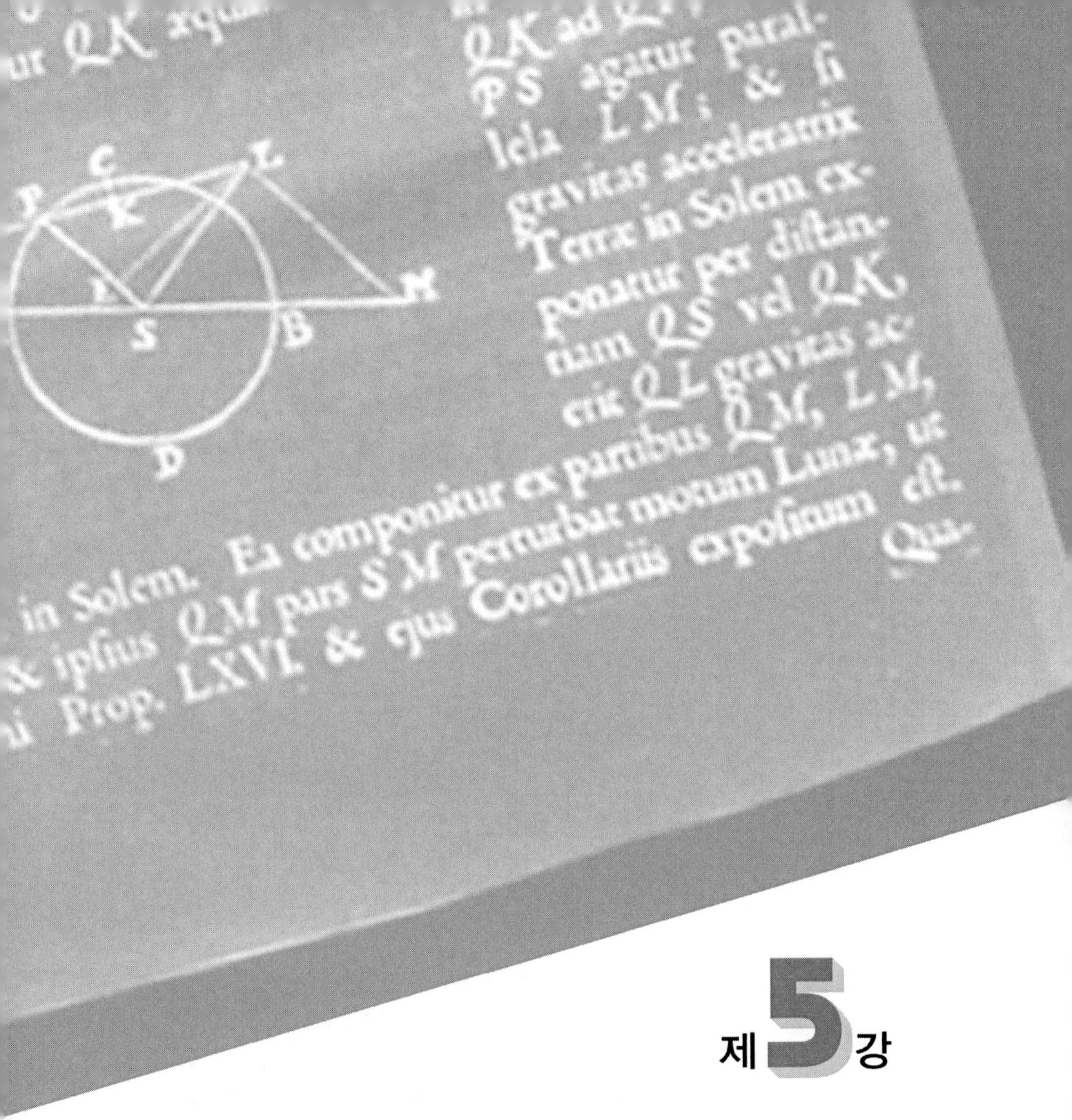

제 5 강

면적속도 일정의 법칙의 증명

뉴턴의 만유인력 법칙 발견에 가장 큰 영향을 준 과학자는 케플러이다. 케플러는 천문학자 티코브라헤의 조수로 일하던 케플러는 티코브라헤가 죽은 후 수 십년 동안 축적된 행성의 움직임에 대한 자료를 조사한 결과 행성이 태양을 중심으로 원운동을 하지 않고 태양을 한 초점으로 하는 타원 궤도를 따라 움직인다는 것을 알아냈다. 케플러는 행성의 궤도에 대한 케플러의 법칙을 발표했다.

케플러의 법칙은 세 개의 법칙으로 나뉘는데 제 1법칙은 행성들이 태양을 한 초점으로 하는 타원궤도를 그리면서 태양주위를 돈다는 내용이다.

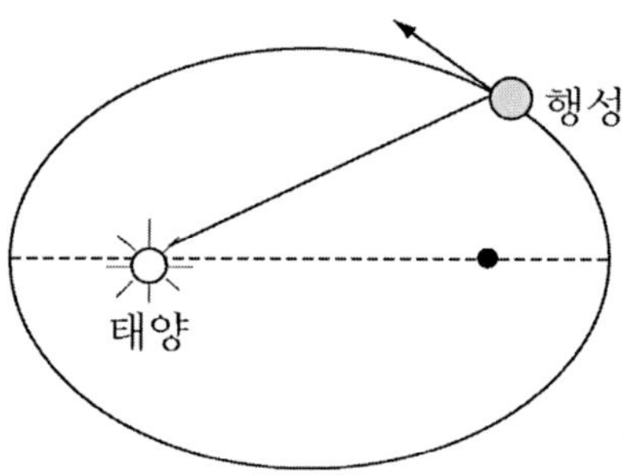

[그림 5.1]

그 후 케플러는 행성들이 태양 주위를 돌 때 항상 같은 빠르기로 움직이지 않음을 확인했다. 티코브라헤의 자료를 관측한 결과 행성들은 태양에 가까울 때는 빠르게 돌고 태양에서 멀어지면 천천히 움직인다는 사실을 발견하는 데 이것이 바로 케플러 제2법칙이다. 케플러의 제 2법칙은 면적속도 일정의 법칙이라고도 부르는 데 행성이 같은 시간동안에 움직이면서 만드는 부채꼴의 면적이 언제나 같다는 내용이다.

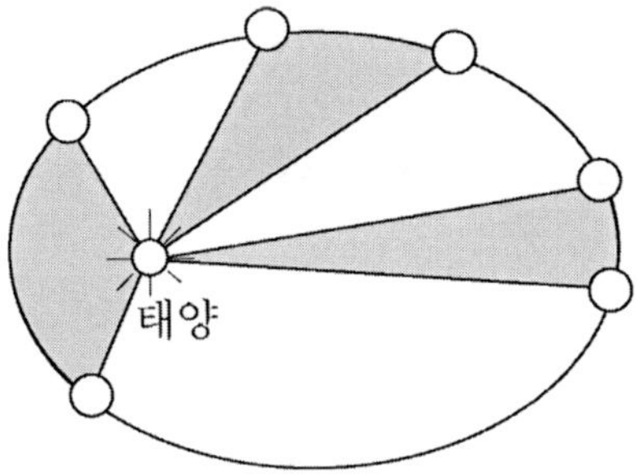

[그림 5.2]

케플러는 자신의 제1 제2 법칙은 1609년 그의 저서 『새로운 천문학』에 발표했다. 그 후 10년 뒤인 1619년 그는 행성의 운동에 대한 마지막 법칙인 케플러 제3법칙을 발표하게 되는 데 그것은 행성이 태양주위를 한 바퀴 도는 데 걸리는 시간(주기)와 타원 궤도의 긴반지름 사이의 관계였다.

그는 제 3법칙을 그의 두 번째 저서인 『우주의 조화』에 발표했는데 좀 더 정확하게 표현하면 행성의 궤도운동의 주기의 제곱은 타원의 긴 반지름의 세제곱에 비례한다는 내용이었다. 즉, 즉 태양계의 행성들인 수성, 금성, 지구, 화성, 목성, 토성 등에 대해 주기(T)와 타원궤도의 긴반지름은 모두 다르지만 주기의 제곱을 장반경의 세제곱으로 나눈 값은 어떤 행성에 대해서도 일치한다는 것이다. 케플러는 이 법칙을 이용하여 행성의 공전주기로부터 공전 궤도를 정확하게 결정할 수 있었다.

불행히도 케플러는 자신의 법칙을 증명하는데 실패했다. 그 증명은 모두 뉴턴의 몫으로 남겨졌다. 이제 뉴턴이 케플러의 제2법칙인 면적속도 일정의 법칙을 어떻게 증명했는지를 살펴보자.

[케플러 제1법칙에 관하여]
태양이 행성에 구심력을 작용하면 행성은 태양을 한 초점으로 하는 타원궤도를 그린다.

다음 그림을 보자.

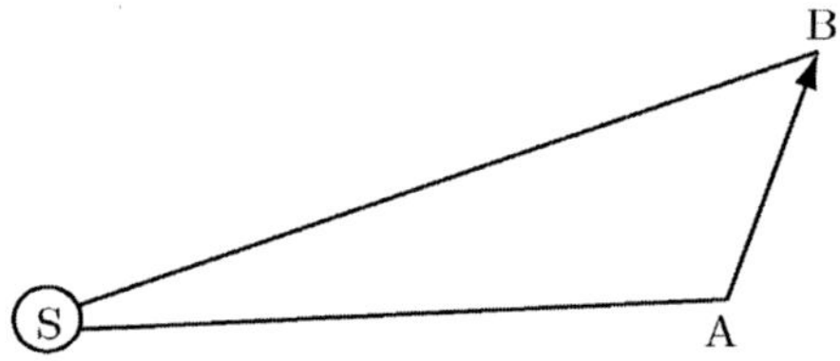

[그림 5.3]

여기서 S는 태양의 위치라고 하자. 처음에 행성이 A에 있었다가 일정시간이 지나 B로 이동한다고 해보자. 뉴턴은 이 일정시간을 상상할 수 없을 정도로 아주 짧은 시간으로 택했다.

만일 태양이 행성을 잡아당기는 힘이 없다면 행성의 속도가 변하지 않으니까 행성은 일직선을 따라 움직인다. 즉, A에서 B로 간 시간만큼 시간이 흐르면 행성은 다음 그림처럼 C에 있게 된다.

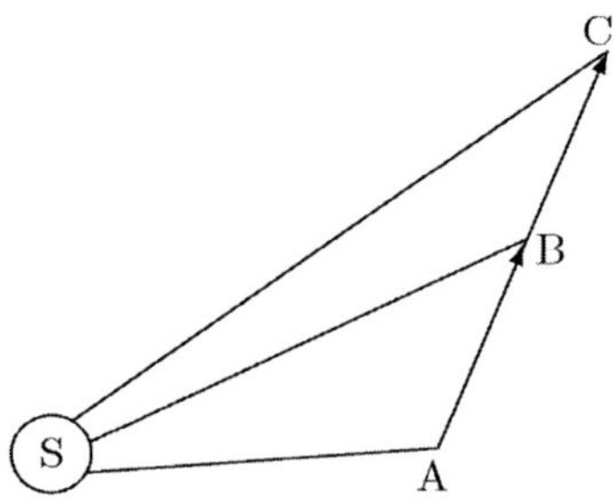

[그림 5.4]

이런 식으로 행성이 움직인다면 행성이 태양으로부터 점점 멀어지는 모순이 생긴다. 여기서 뉴턴은 태양이 행성을 잡아당기는 중력 때문에 지구가 B로 갔을 때 행성이 태양 쪽으로 잡아당겨지는 힘을 받는다고 생각했다. 즉 아래 그림처럼 행성은 B에서 V로 향하는 화살표 방향으로 끌려가는 힘을 받는다.

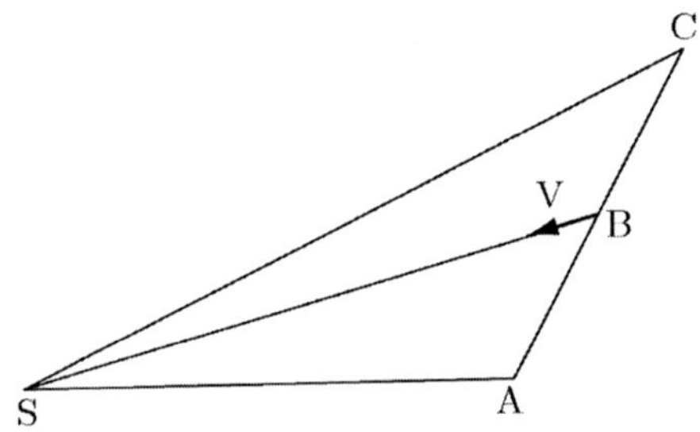

[그림 5.5]

따라서 행성은 B에서 C로 가는 운동과 태양 쪽인 V방향으로 가는 운동이 더해지므로 행성이 실제로 움직이는 방향은 아래 그림과 같아진다.

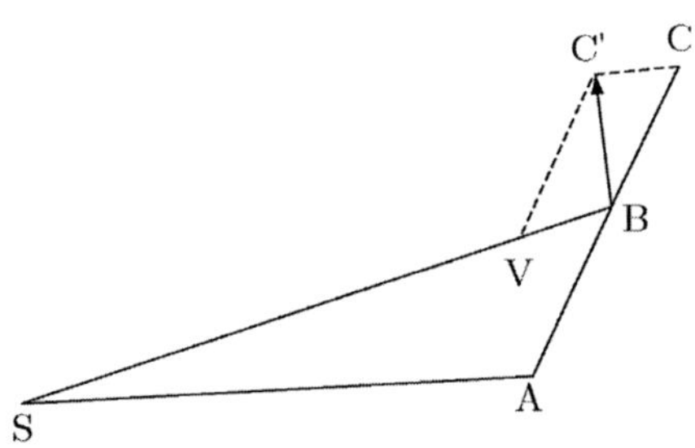

[그림 5.6]

중력 때문에 행성은 A에서 B로 갔다가 C′으로 간다. 여기서

C′C와 BV가 평행이다. 이런 식으로 하면 그 다음 시간동안 행성은 D′이 아니라 D″으로 간다.

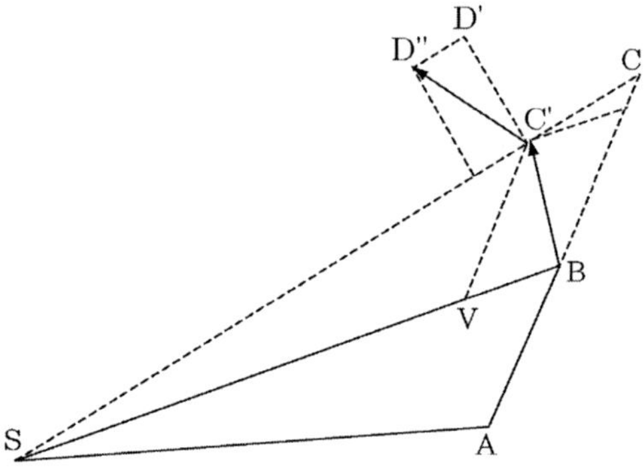

[그림 5.7]

태양의 중력 때문에 행성이 움직이는 방향은 이런 식으로 계속 꺾이게 된다. 여기서 행성이 A에서 B로 갈 때의 시간과 B에서 C′의 시간과 C′에서 D″으로 갈 때의 시간이 같은데 이 시간을 아주 짧은 시간으로 택하게 되면 미분의 원리에 의해 행성이 움직이는 길은 직선이 아니라 곡선이 되면서 태양을 한 초점으로 하는 타원 위를 움직인다는 것이 뉴턴의 놀라운 생각이었다.

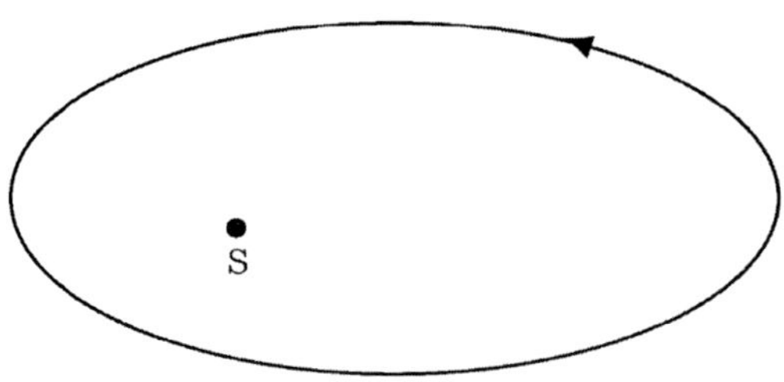

[그림 5.8]

[케플러 제2법칙(면적속도 일정의 법칙)의 증명]

태양이 행성에 구심력을 작용하여 행성이 태양을 한 초점으로 하는 타원궤도를 그릴 때 행성이 같은 시간동안에 움직이면서 만드는 부채꼴의 면적이 언제나 같다.

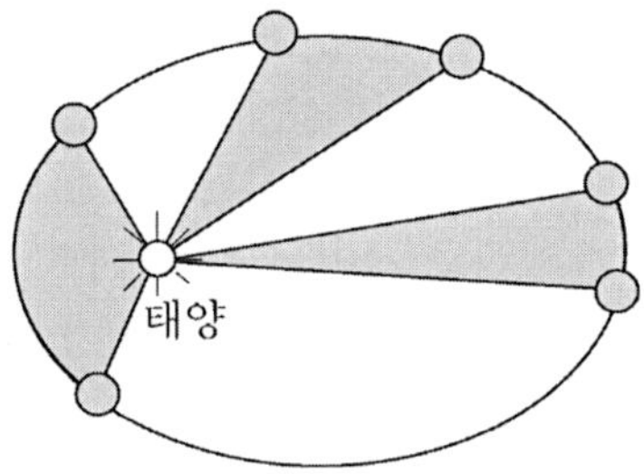

[그림 5.9]

태양이 행성에 구심력을 작용하면 행성은 태양을 한 초점으로 하는 타원궤도를 그린다.

뉴턴은 같은 시간 동안 행성의 궤도가 휩쓸고 가는 면적이 같다는 케플러 제2법칙을 증명하기위해 삼각형 SAB의 넓이와 삼각형 SBC′의 넓이가 같다는 것을 보여야했다.

먼저 삼각형 SAB의 넓이와 삼각형 SBC의 넓이가 같다는 것을 먼저 보이기로 하자.

중력이 없다면 행성은 [그림 5.10]처럼 A에서 B를 거쳐 C로 갈 것이다. 같은 시간 동안 일직선을 따라 움직인 것이므로 AB의 길이와 BC의 길이는 같다.

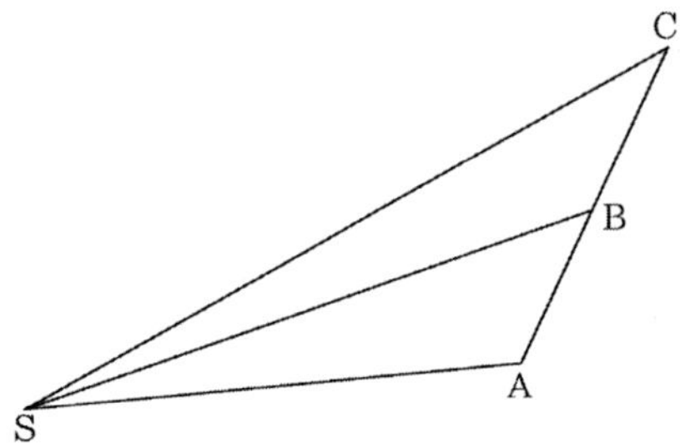

[그림 5.10]

다음 그림과 같이 A에서 변 SB에 내린 수선의 발을 M이라고 하고, C에서 변 SB의 연장선에 내린 수선의 발을 N이라고 하자.

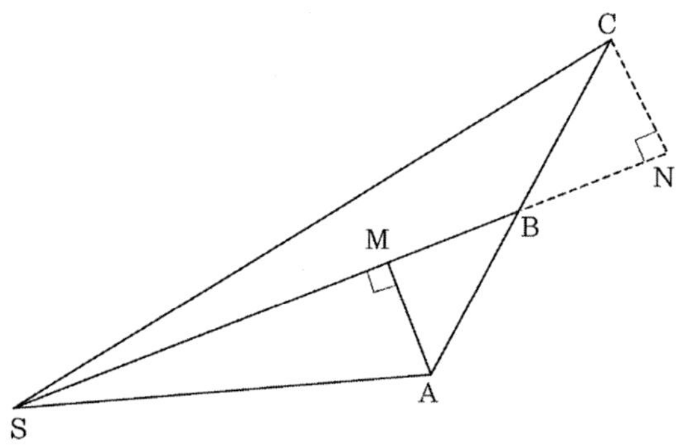

[그림 5.11]

이때 CN은 삼각형 SBC의 높이이고 AM은 삼각형 SAB의 높이이므로 삼각형 SAB의 넓이는

$$\frac{1}{2}\times\overline{SB}\times\overline{AM}$$

이고 삼각형 SBC의 넓이는

$$\frac{1}{2}\times\overline{SB}\times\overline{CN}$$

이다. 즉, $\overline{AM}=\overline{CN}$ 임을 보이기만 하면 두 삼각형의 넓이가 같다고 말할 수 있다. 삼각형 BMA와 삼각형 BNC를 보면 $\angle$BMA와 $\angle$BNC는 직각으로 같고, $\angle$MBA와 $\angle$CBN은 맞꼭지각으로 같고 선분 AB의 길이와 선분 BC의 길이는 같으니까 삼각형 BMA와 삼각형 BNC는 합동이다. 합동인 두 삼각형의 대응하는 변의 길이가 같고, 변 AM에 대응하는 변은 변 CN이니까 변 AM의 길이와 변 CN의 길이는 같다. 그러므로 삼각형 SAB의 넓이와 삼각형 SBC의 넓이는 같다.

이제 태양의 중력이 작용하는 경우를 살펴보자. 이 경우 면적속도가 일정하려면 아래 그림에서 삼각형 SBC의 넓이와 삼각형 SBC′의 넓이가 같다는 것을 보여야한다.

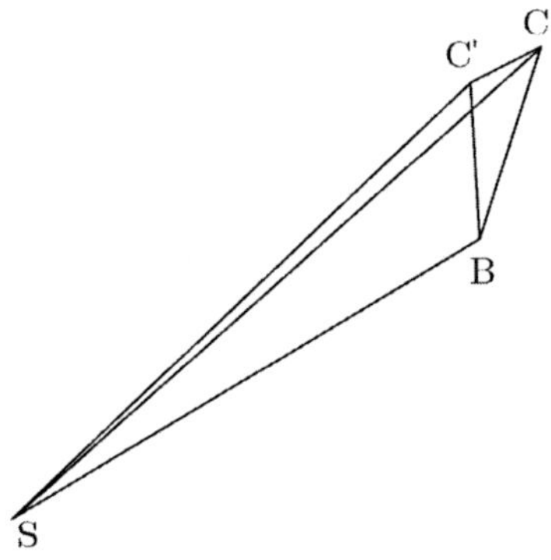

[그림 5.12]

두 삼각형은 밑변이 변 SB로 같다. 두 삼각형의 넓이를 구하려면 두 삼각형의 높이를 구해야 하므로 다음과 같이 두 개의 보조선을 그리자.

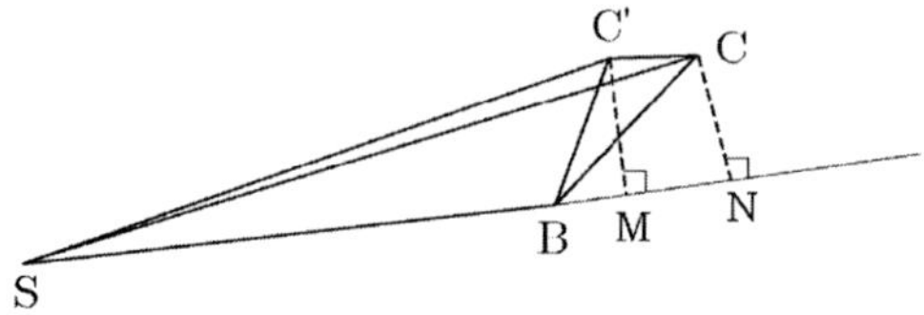

[그림 5.13]

선분 C′C와 선분 SB가 평행하기 때문에 점 C′과 점 C에서 선분 SB의 연장선에 내린 수선의 발을 각각 M, N이라고 하면 C′M의 길이와 CN의 길이는 두 평행선 사이의 거리로 같다. C′M은 삼각형 SC′B의 높이이고 CN은 삼각형 SCB의 높이이므로 삼각형 SBC의 넓이와 삼각형 SBC′는 높이와 밑변의 길이가 같다. 즉, 삼각형 SBC의 넓이와 삼각형 SBC′가 같다. 뉴턴은 앞에서 삼각형 SAB의 넓이와 삼각형 SBC의 넓이가 같음을 보였으므로 삼각형 SAB의 넓이와 삼각형 SBC′가 같다고 결론을 내릴 수 있었다. 뉴턴은 미분을 이용해 아주 짧은 시간을 택하면 그 시간 동안 행성이 태양 주위를 돌면서 만드는 부채꼴은 지금까지 논의한 삼각형이 되므로 같은 시간 동안 행성이 태양주위를 돌면서 만드는 부채꼴의 넓이가 같다는 것을 알아냈는데 이것이 바로 케플러 제2법칙의 증명이었다.

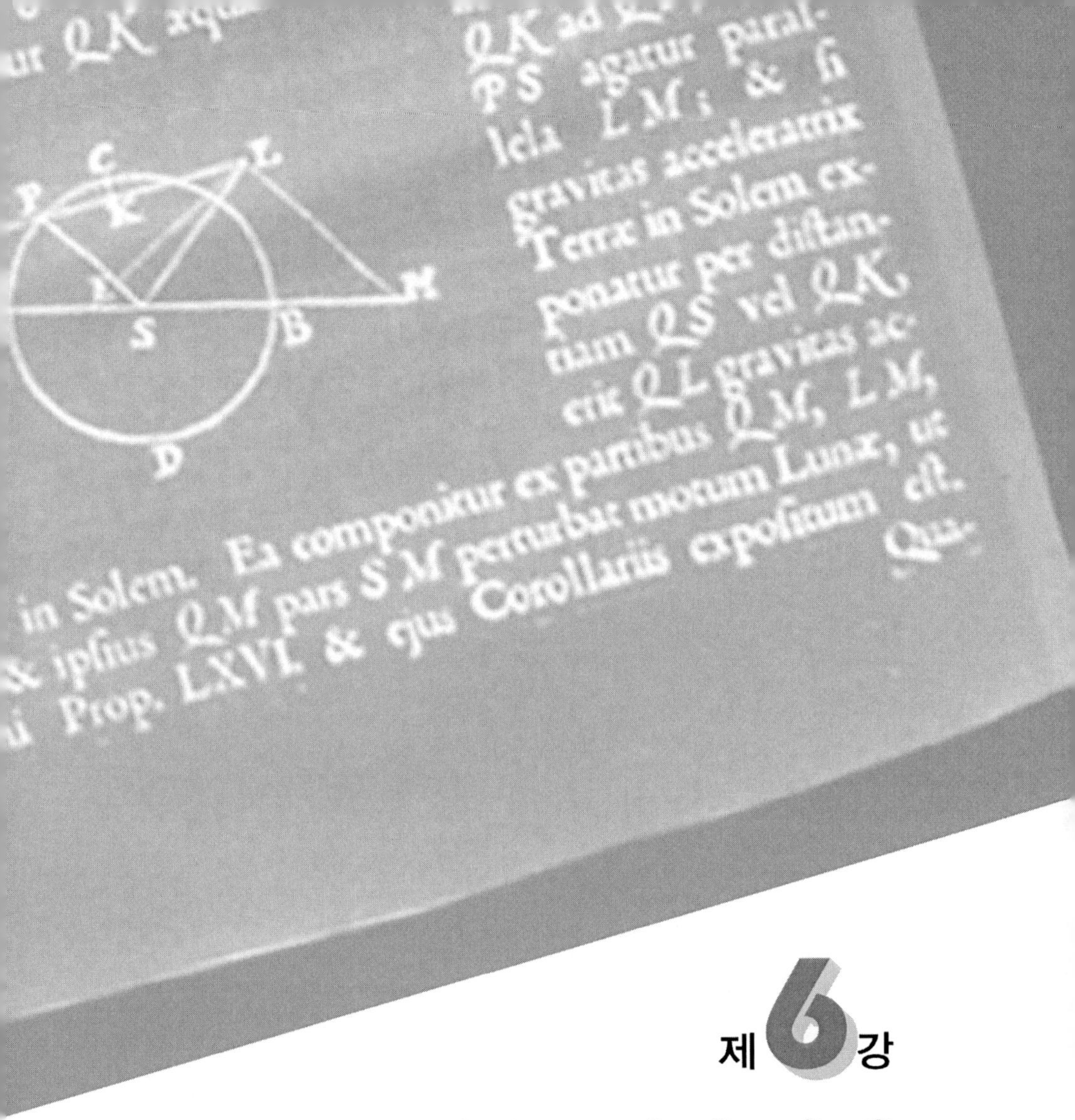

제 6 강

구심력과 원운동과의 관계

케플러의 제3법칙을 증명하기 전에 뉴턴은 우선 물체가 구심력을 받아 원운동을 하는 경우에 대해 설명했다.

[원운동에서의 구심력에 대한 공식]

물체가 구심력을 받아 일정한 속력 v로 원운동을 한다고 하자. 아래 그림처럼 물체가 원위의 점 A에서 점 B로 움직인다고 하자. 만일 아주 짧은 시간동안 물체의 운동을 관측한다면 물체에 작용하는 구심력은 속력의 제곱을 반지름 R로 나눈 값에 비례한다.

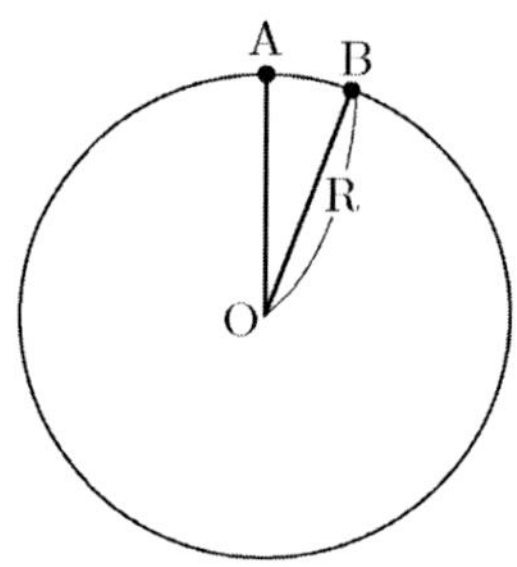

[그림 6.1]

뉴턴은 이 성질을 증명하기 위해 원의 성질과 피타고라스 정리와 갈릴레이의 낙하법칙을 이용한다. 먼저 이 증명에 필요한 간단한 원의 성질을 알아보자.

[1] 반원에 내접하는 삼각형은 직각 삼각형이다.

이것을 탈레스의 정리라고 부른다. 원의 중심 O와 P를 연결하고, $\angle PAO$를 a, $\angle PBO$를 b라고 해보자.

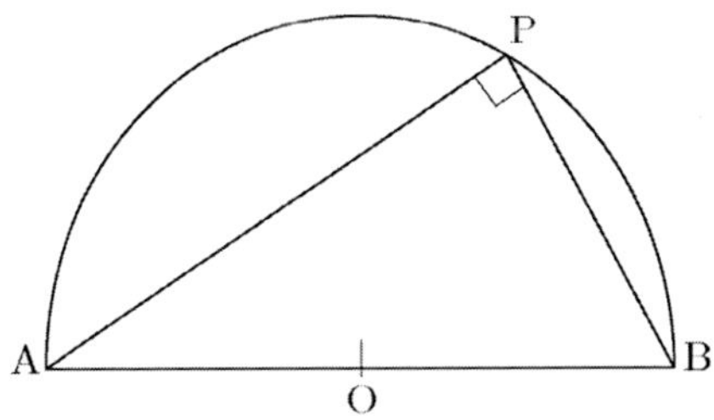

[그림 6.2]

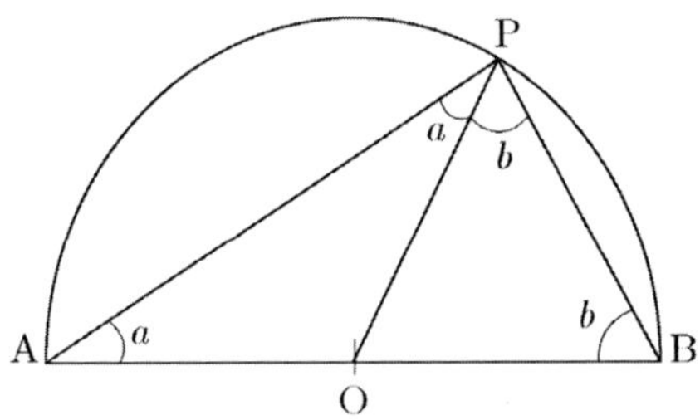

[그림 6.3]

여기서 AO, OP, OB는 반지름 이니까 길이가 같다. 삼각형 OPA는 $\overline{OA}=\overline{OP}$ 이니까 이등변 삼각형이다. 따라서 두 밑각은 같으니까 $\angle OPA$ 역시 a가 되고 마찬가지로 삼각형 OBP도 이등변 삼각형이니까 $\angle OPB$도 b가 된다. 그러므로

$$\angle APB = a + b$$

이 된다. 삼각형 PAO에서 삼각형의 내각의 합은 180°이므로

$$\angle AOP + a + a = 180°$$

이 된다. 그리고 삼각형 POB에서 삼각형의 내각의 합이 180°이므로

$$\angle POB + b + b = 180°$$

가 된다. 두 식을 더하면

$$\angle AOP + a + a + \angle POB + b + b = 180° + 180°$$

가 되고, 정리하면

$$\angle AOP + \angle POB + a + a + b + b = 180° + 180° \qquad (*)$$

가 된다. 그런데 $\angle AOP$, $\angle POB$를 더하면 일직선이 되는데 일직선을 나타내는 각은 180°이니까

$$\angle AOP + \angle POB = 180°$$

가 되고 이 결과를 식(*)에 넣으면

$$180° + a + a + b + b = 180° + 180°$$

가 되어,

$$a + a + b + b = 180°$$

가 된다. 그러므로

$$a + b = 90°$$

가 되어

$$\angle APB = 90°$$

가 된다.

[2] 호에 대한 원주각은 중심각의 절반이다.

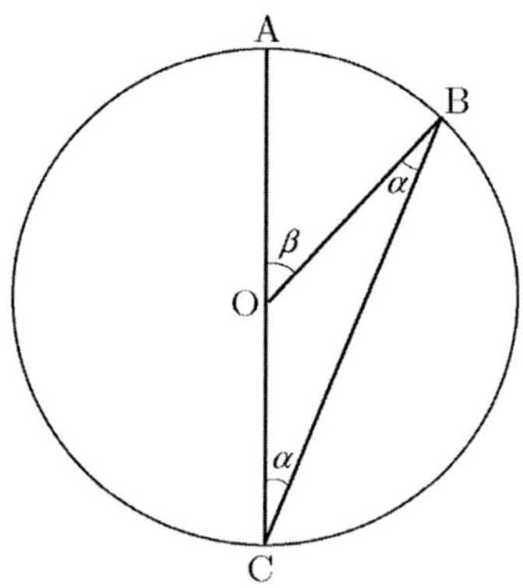

[그림 6.4]

위 그림에서 ∠AOB를 호 AB에 대한 중심각이라고 ∠ACB를 호 AB에 대한 원주각이라고 부른다. 이 성질을 간단하게 증명하자. OB와 OC는 반지름이므로 삼각형 OCB는 이등변 삼각형이다. 이때

$$\angle ACB = \alpha, \ \angle AOB = \beta$$

라고 하면

$$\angle COB = 180° - \beta$$

가 되고, 삼각형 OCB에서 세 내각의 크기의 합은 180°이므로

$$180° - \beta + \alpha + \alpha = 180°$$

가 되어,

$$\beta = 2\alpha$$

가 된다.

이제 원에 대한 이 두 성질을 이용해 원운동에서의 구심력에 대한 공식을 증명해보자.

다음 그림과 같이 B에서 선분 AC에 내린 수선의 발을 D라고 하자.

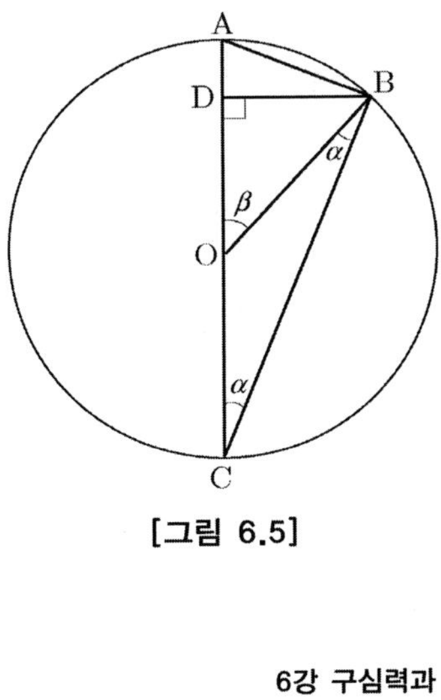

[그림 6.5]

호 AB를 $\overset{\frown}{\mathrm{AB}}$라고 쓰자. 뉴턴은 아주 짧은 시간 동안 물체가 움직이면

$$\overset{\frown}{\mathrm{AB}} \cong \overline{\mathrm{AB}}$$

라고 생각했다. 물체가 원위를 움직이는 속력이 v로 일정하고, 물체가 움직인 아주 짧은 시간을 Δt라고 하면

$$\overset{\frown}{\mathrm{AB}} \cong \overline{\mathrm{AB}} = v\Delta t$$

가 된다.

한편 직각 삼각형 ACB에서 피타고라스 정리를 쓰면

$$\overline{\mathrm{AC}}^2 = \overline{\mathrm{AB}}^2 + \overline{\mathrm{BC}}^2 \tag{1}$$

이 되고 직각삼각형 DBC에서 피타고라스 정리를 쓰면

$$\overline{\mathrm{CB}}^2 = \overline{\mathrm{BD}}^2 + \overline{\mathrm{CD}}^2 \tag{2}$$

이 된다.

직각삼각형 ADB에서 피타고라스 정리를 쓰면

$$\overline{\mathrm{AB}}^2 = \overline{\mathrm{BD}}^2 + \overline{\mathrm{AD}}^2 \tag{3}$$

이 된다. 한편 $\overline{\mathrm{AC}} = 2R$이므로

$$\overline{\mathrm{DC}} = 2R - \overline{\mathrm{AD}} \tag{4}$$

이 된다.

(1)(2)(3)(4)를 이용하면

$$\begin{aligned} \overline{\mathrm{AC}}^2 &= \overline{\mathrm{AB}}^2 + \overline{\mathrm{BD}}^2 + \overline{\mathrm{CD}}^2 \\ &= \overline{\mathrm{AB}}^2 + \overline{\mathrm{AB}}^2 - \overline{\mathrm{AD}}^2 + (2R - \overline{\mathrm{AD}})^2 \end{aligned} \tag{5}$$

이 된다. 따라서

$$\overline{\mathrm{AD}} = \frac{\overline{\mathrm{AB}}^2}{2R} \tag{6}$$

이 된다. 여기서 $\overline{\mathrm{AB}} = v\Delta t$이므로

$$\overline{\mathrm{AD}} = \frac{v^2(\Delta t)^2}{2R} \tag{7}$$

이 된다. 여기서 뉴턴은 만일 시간이 아주 짧으면 물체가 A에서 B로 이동하는 데 걸리는 시간이나 A가 D로 자유낙하 하는데 걸리는 시간이 같다고 생각했다. 갈릴레이의 낙하법칙은

$$(\text{낙하거리}) = \frac{1}{2} \times (\text{가속도}) \times (\text{낙하시간})^2$$

이 되고, 가속도는 힘을 질량으로 나눈 값이고 여기서 힘은 구심력이므로

$$(\text{낙하거리}) = \frac{1}{2} \times \frac{\text{구심력}}{\text{질량}} \times (\text{낙하시간})^2$$

이 된다. 이 식으로부터 뉴턴은

$$(\text{구심력}) \propto \frac{(\text{낙하거리})}{(\text{낙하시간})^2}$$

을 얻었다. 여기서 $\propto$는 비례를 나타내는 기호이다. 낙하거리는 $\overline{\mathrm{AD}}$이고 낙하시간은 Δt이므로

$$(\text{구심력}) \propto \frac{\overline{\mathrm{AD}}}{(\Delta t)^2}$$

이 된다. 여기서

$$\overline{\mathrm{AD}} = \frac{\overline{\mathrm{AB}}^2}{2R} = \frac{v^2(\Delta t)^2}{2R}$$

이므로

$$(\text{구심력}) \propto \frac{v^2}{R}$$

이 된다. 따라서 일정한 속력으로 원운동을 하는 물체에 작용하는 구심력은 속력의 제곱을 반지름으로 나눈 값에 비례한다는 것을 알 수 있다.

[구심력과 주기]
물체가 구심력을 받아 일정한 속력 v로 원운동을 한다고 하자. 이때 주기가 T로 일정하면 구심력은 반지름을 주기의 제곱으로 나눈 값에 비례한다.

물체가 한바퀴 돌아오는 데 걸리는 시간을 주기 T라고 한다. 따라서

$$T = \frac{2\pi R}{v}$$

가 된다.

$$(\text{구심력}) \propto \frac{v^2}{R}$$

로부터

$$(\text{구심력}) \propto \frac{1}{R}\left(\frac{2\pi R}{T}\right)^2$$

이므로

$$(\text{구심력}) \propto \frac{R}{T^2}$$

이 된다.

[케플러의 제3법칙]
물체가 구심력을 받아 일정한 속력 v로 원운동을 한다고 하자. 이때 주기 T의 제곱이 반지름의 세제곱에 비례하면 구심력은 반지름의 제곱에 반비례한다.

$$(\text{구심력}) \propto \frac{1}{R}\left(\frac{2\pi R}{T}\right)^2$$

에서 T^2이 R^3에 비례하면 $T^2 = aR^3$이라 놓을 수 있다. 여기서 a는 비례상수이다. 따라서

$$(\text{구심력}) \propto \frac{1}{R^2}$$

이 된다. 즉 원운동에 대해 케플러 제 2법칙이 작용하면 물체가 받는 힘은 거리의 제곱에 반비례해야한다.

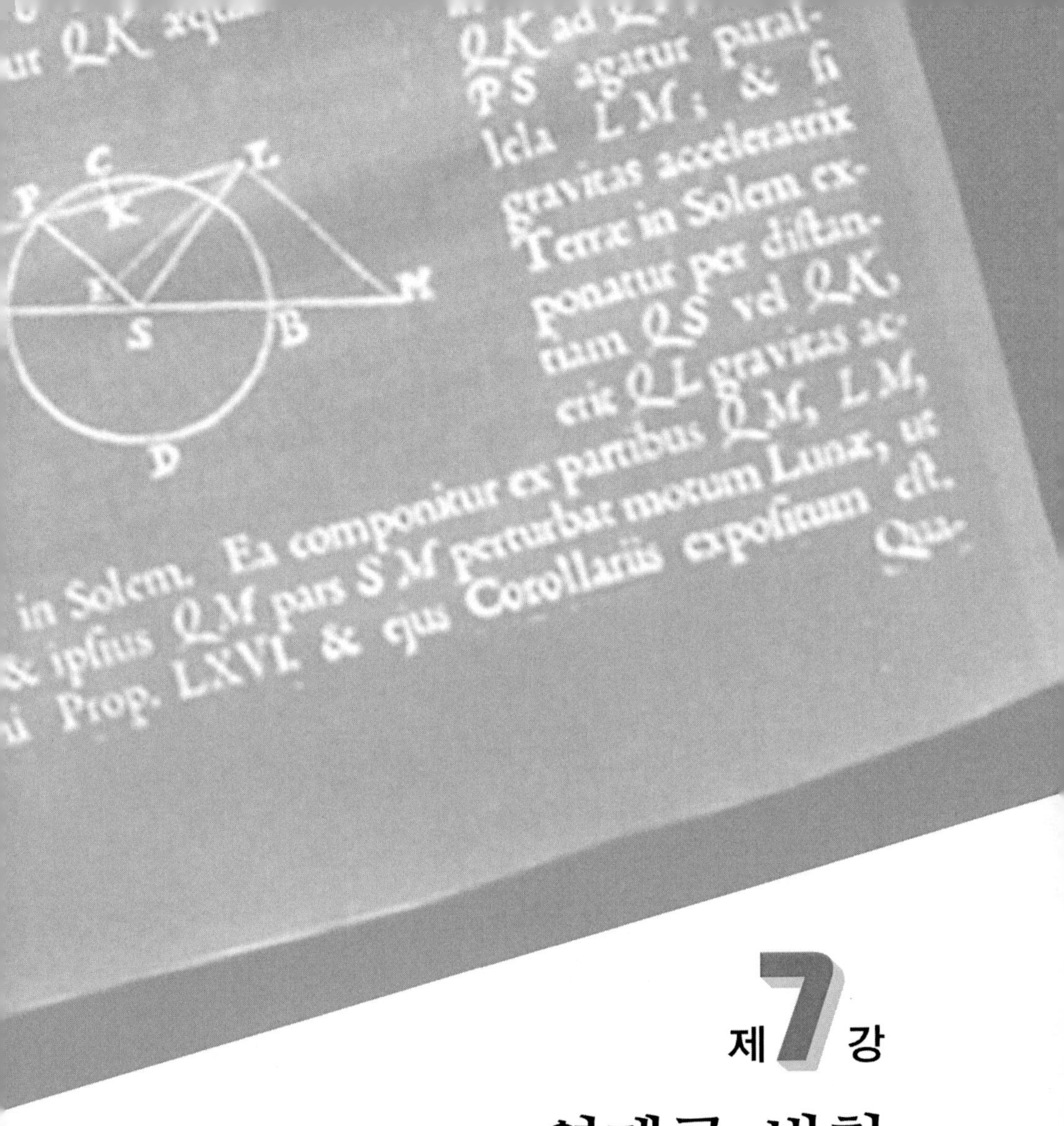
in Solem. Ea componitur ex partibus QM, LM,
& ipsius QM pars SM perturbat motum Lunæ, ut
Prop. LXVI. & ejus Corollariis expositum est.

제 7 강
역제곱 법칙

[역제곱 법칙]
행성이 태양의 중력을 받아 공전할 때 중력의 크기는 행성과 태양사이의 거리의 제곱에 반비례한다.

케플러의 제2법칙을 증명한 뉴턴은 행성이 태양을 한 초점으로 하는 타원 위에서 움직일 때 태양이 행성을 잡아당기는 힘(중력)이 어떤 모습인지 궁금해 했다. 뉴턴은 그 동안 구심력이라고 불렀던 힘이 바로 중력이라고 생각했다.

다음 그림을 보자.

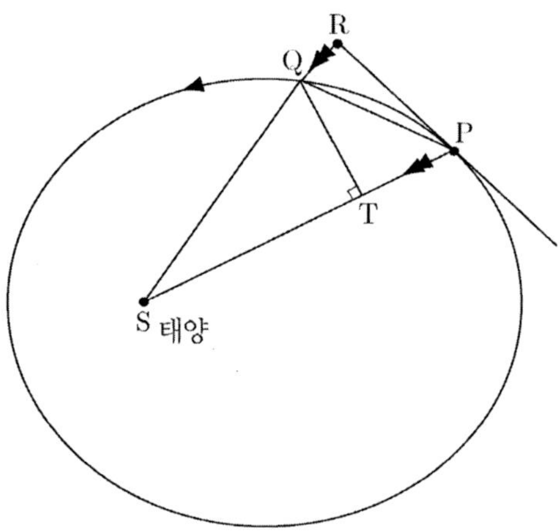

[그림 7.1]

S는 태양이 있는 위치이고 P는 행성의 처음 위치이다. 케플러 제1법칙에 따라 점 P는 S를 한 초점으로 하는 타원 위를 움직인다. 시간 t동안 태양의 중력이 작용하지 않으려면 행성은 R방향으로 직선운동을 한다. 하지만 태양이 행성을 잡아당기면 실제 행성은 R

보다 태양에 가까운 곳에 있게 된다. 즉, 태양의 중력 때문에 행성은 태양 쪽으로 낙하하면서 다시 타원 위에 놓이게 된다. 그러므로 위 그림에서 점 Q가 실제 행성의 위치이다. 다시 말해 행성은 시간 t 동안 타원 위를 따라 P에서 Q로 움직인다.

케플러 제2법칙에 의하면 행성이 타원 위에서 움직일 때 면적속도는 일정하다. 시간 t동안 행성이 타원 위를 움직이면서 만든 면적은 곡선 PQ와 선분 SQ, SP로 둘러싸인 부분의 면적이다.

뉴턴은 시간 t가 0에 가까울 정도로 충분히 작을 때를 생각했다. 그러면 점 P와 점 Q는 거의 달라붙게 되니까 곡선 PQ와 선분 PQ는 거의 같아지게 된다. 그러니까 시간 t동안 지구가 타원 위를 움직이면서 만든 면적은 삼각형 SQP의 면적이다. 면적속도는 면적을 시간으로 나눈 값이니까 면적속도를 K라고 하면

$$K = (\text{삼각형 SQP의 면적}) \div t \tag{7}$$

가 된다. 면적속도 일정의 법칙에 따라 K의 값은 일정하므로 식(7)에서 시간 t를 구하면

$$t = (\text{삼각형 SQP의 면적}) \div K \tag{8}$$

가 된다. 삼각형 SQP의 면적은

$$\frac{1}{2} \times \mathrm{SP} \times \mathrm{QT}$$

이므로 행성이 움직인 시간은

$$t = \frac{\mathrm{SP} \times \mathrm{QT}}{2 \times K} \tag{9}$$

가 된다.

이제 태양이 행성을 잡아당기는 힘(중력)을 구해보자. 태양이 행성을 잡아당기는 힘 때문에 시간 t동안 행성은 R에서 Q로 낙하한

다. 행성의 질량을 m이라고 하고 태양이 행성을 잡아당기는 힘을 F라고 하면

$$\mathrm{RQ} = \frac{1}{2}\times\frac{F}{m}\times t^2 \tag{10}$$

이다. 식(10)에 $t = \dfrac{\overline{\mathrm{SP}}\times\overline{\mathrm{QT}}}{2\times K}$를 넣으면

$$\mathrm{RQ} = \frac{1}{2}\times\frac{F}{m}\times\left(\frac{\mathrm{SP}\times\mathrm{QT}}{2\times K}\right)^2 \tag{11}$$

이 되고, 정리하면

$$\mathrm{RQ} = \frac{F}{8\times m\times K^2}\times\mathrm{SP}^2\times\mathrm{QT}^2 \tag{12}$$

이 된다. 여기서 행성의 질량과 면적속도는 일정한 값이니까 $8\times m\times K^2$은 일정한 값이다. 그 일정한 값을 k라고 두면

$$\mathrm{RQ} = \frac{F}{k}\times\mathrm{SP}^2\times\mathrm{QT}^2 \tag{13}$$

이 된다. 식 (13) 에서 태양이 행성을 잡아당기는 힘(중력)을 구하면

$$F = k\times\left(\frac{\mathrm{RQ}}{\mathrm{QT}^2}\right)\times\frac{1}{\mathrm{SP}^2} \tag{14}$$

이 된다. 그러므로 $\dfrac{\mathrm{RQ}}{\mathrm{QT}^2}$이 일정한 값이라면 $k\times\left(\dfrac{\mathrm{RQ}}{\mathrm{QT}^2}\right)$가 일정한 값이므로

$$F = (\text{일정한 값})\times\frac{1}{\mathrm{SP}^2} \tag{15}$$

이 된다. 여기서 SP는 태양과 행성 사이의 거리이다. 그러므로 태양이 행성을 잡아당기는 힘(중력)은 태양과 행성 사이의 거리의 제곱에 반비례하게 되는 데 이것이 바로 뉴턴의 중력의 법칙이다.

[중력 공식]

다음 그림처럼 태양의 위치를 S라고 하고 P를 행성의 처음 위치이고 Q는 행성의 다음 위치라고 하자. 여기서 RP는 점 P에서의 접선이다. 이때 S에서 직선 RP로의 수선의 발을 Y라고 하자. 아주 짧은 시간동안 행성이 P에서 Q로 움직일 때 태양이 행성에 작용한 중력은 $\dfrac{QR}{SY^2 \cdot QP^2}$에 비례한다.

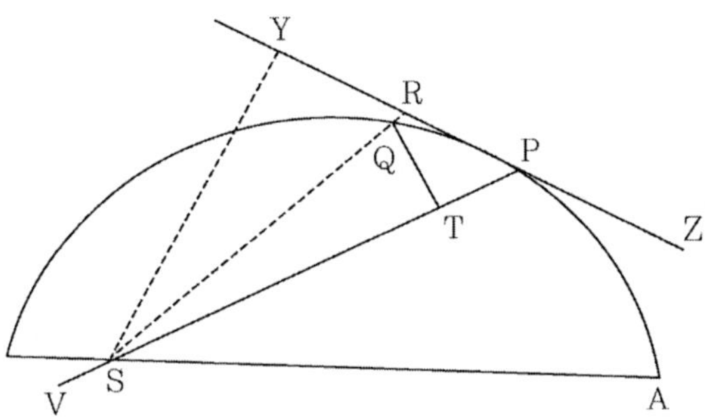

[그림 7.2]

여기서 역시 뉴턴이 강조한 것은 아주 짧은 시간이다. 다음 그림을 보자.

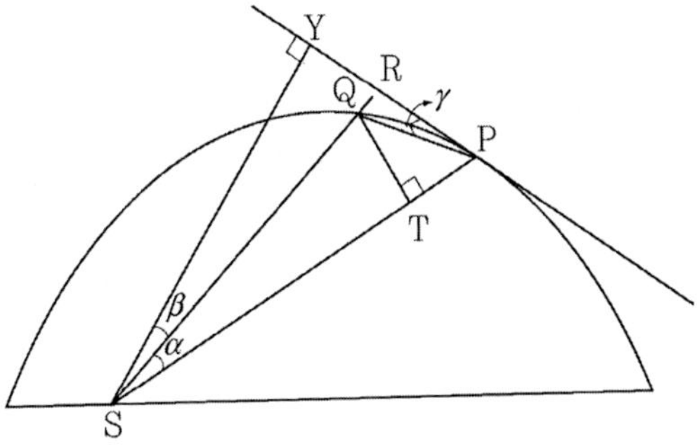

[그림 7.3]

여기서 $\angle\mathrm{RST}=\alpha$, $\angle\mathrm{YSR}=\beta$, $\angle\mathrm{QPR}=\gamma$라고 놓자. 이때 그림에 있는 다른 각들을 α, β, γ로 나타낼 수 있다.

$$\angle\mathrm{SRY}=90°-\beta$$
$$\angle\mathrm{QRP}=90°+\beta$$
$$\angle\mathrm{RQP}=90°-\beta-\gamma$$
$$\angle\mathrm{PQT}=\alpha+\beta+\gamma$$

가 된다. 그런데 아주 짧은 시간을 이동하면 P와 Q사이의 거리가 0에 가까워지면서 선분 QP와 선분 RP는 겹쳐지게 된다. 즉 아주 짧은 시간에 대해서는

$$\gamma\cong 0$$

라고 생각할 수 있다. 이때 $\angle\mathrm{PQT}=\angle\mathrm{YSP}=\alpha+\beta$가 되므로 삼각형 SPY와 삼각형 QPT는 닮음이다. 닮은 두 삼각형은 대응하는 길이의 비가 같으므로

$$\mathrm{PQ}:\mathrm{QT}=\mathrm{SP}:\mathrm{SY}$$

또는

$$\mathrm{SY}\cdot\mathrm{PQ}=\mathrm{QT}\cdot\mathrm{SP} \tag{16}$$

가 된다.

그런데 식(14)으로부터 우리는

$$\text{구심력(중력)}\propto\left(\frac{\mathrm{RQ}}{\mathrm{QT}^2}\right)\times\frac{1}{\mathrm{SP}^2}$$

임을 알고 있다. 이 식에 식(16)을 넣으면

$$\text{구심력(중력)}\propto\frac{\mathrm{RQ}}{\mathrm{PQ}^2\mathrm{SY}^2}$$

이라는 것을 알 수 있다.

[중력의 공식]

아래 그림에서 P를 행성의 위치라고 하고 S를 P에 중력을 작용하는 천체라고 하자. 행성 P가 원운동을 할 때 중력의 크기는 $SP^2 \cdot PV^3$에 반비례한다. 여기서 AV는 원의 지름이다.

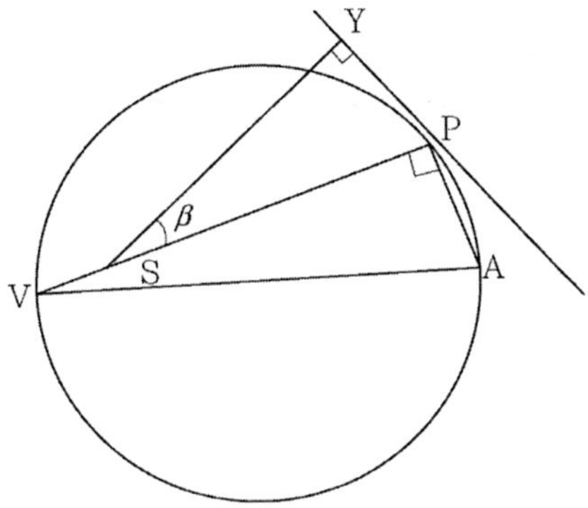

[그림 7.4]

뉴턴은 태양과 행성의 운동 뿐 아니라 행성이 다른 상황에 놓여 있을 때 천체의 중력에 의한 중력의 크기에 관심이 있었다. 이 문제를 해결하기 위해 원의 접선에 대한 성질을 알아야한다.

[성질1] 원의 반지름과 접선은 항상 수직으로 만난다.

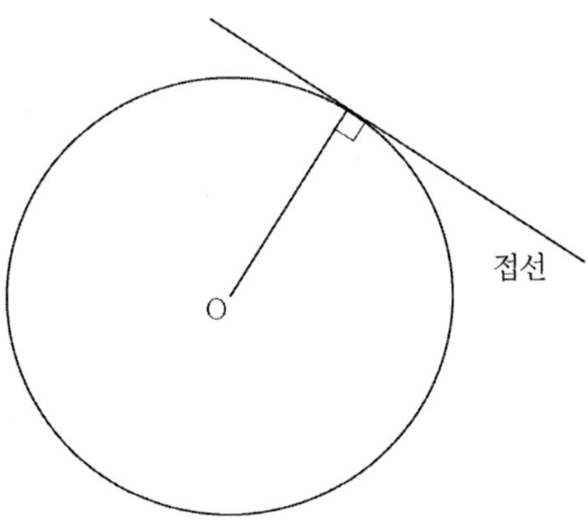

[그림 7.5]

[성질2] 다음 그림에서 직선 YPL이 점 P에서 원의 접선일 때 ∠PVA의 크기와 ∠APL의 크기는 같다.

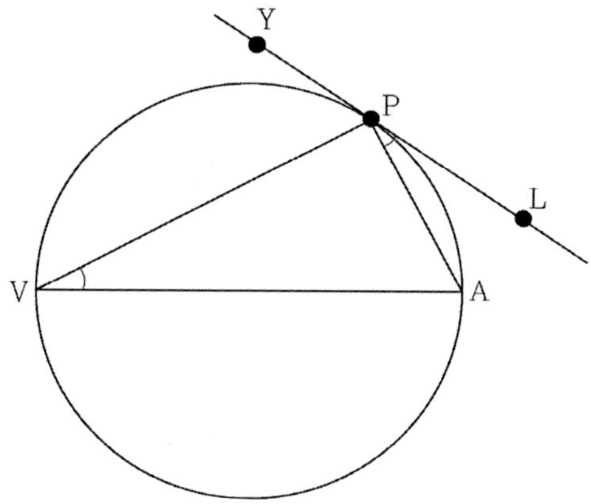

[그림 7.6]

성질2를 증명해보자. 원의 중심을 O라고 하고 ∠PVA$=\alpha$라고 하자.

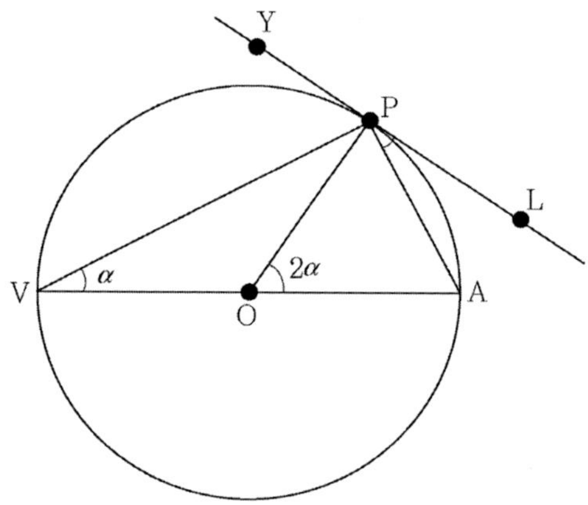

[그림 7.7]

중심각은 원주각의 두 배이므로 $\angle POA = 2\alpha$가 된다. 삼각형 VOP는 이등변 삼각형이므로 $\angle VPO = \alpha$가 된다. $\angle VPA$가 직각이므로 $\angle OPA = 90° - \alpha$가 되고, 다시 OP와 접선이 수직으로 만나므로 $\angle APL = \alpha$가 된다.

이제 성질1, 성질2를 이용해 이 법칙을 증명해보자. 뉴턴은 다음과 같은 그림을 그렸다.

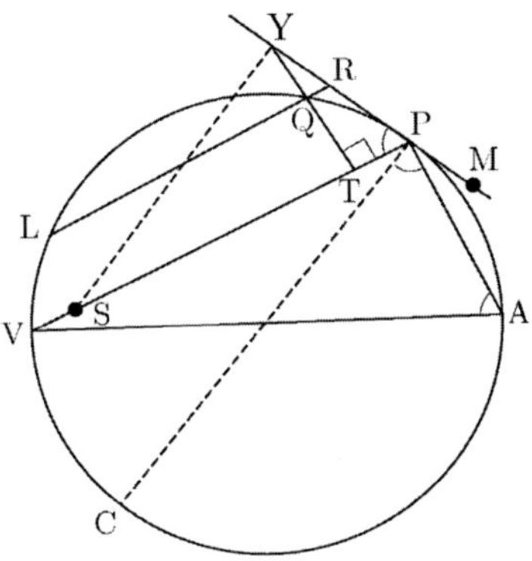

[그림 7.8]

여기서 Y는 S에서 접선에 내린 수선의 발이다. 여기서 LR은 VP와 평행이다. $\angle PVA = \alpha$라고 하면 [성질2]에 의해 $\angle APM = \alpha$가 된다. 그리고 $\angle VPA$가 직각이므로 $\angle VPR = 90° - \alpha$가 되어, $\angle TYP = \alpha$가 된다. 그러므로 직각삼각형 YQR과 직각 삼각형 YTP와 직각삼각형 VPA는 닮음이다. 그러므로

$$AV : PV = PY : YT = RY : YQ$$

가 된다. 여기서 비의 성질을 사용하자.

$$a : b = c : d$$

이면

$$a : b = a - c : b - d$$

와 같다. 예를 들어, $12 : 6 = 4 : 2$이면

$$12 : 6 = 12 - 4 : 6 - 2 = 8 : 4$$

와 같다.

이 성질을 이용하면

$$\mathrm{AV} : \mathrm{PV} = \mathrm{PY} - \mathrm{RY} : \mathrm{YT} - \mathrm{YQ}$$

가 되어,

$$\mathrm{AV} : \mathrm{PV} = \mathrm{PR} : \mathrm{QT}$$

가 된다. 이 식에서 QT^2를 구하면

$$\mathrm{QT}^2 = \mathrm{RP}^2 \cdot \frac{\mathrm{PV}^2}{\mathrm{AV}^2}$$

이 된다. 한편 P가 Q에 가까워 지면 R도 P에 가까워지고 L은 V에 가까워지므로 제5강의 식 (6)을 이용하면

$$\mathrm{RP}^2 = \mathrm{RQ} \cdot \mathrm{RL}$$

이 된다. 따라서

$$\mathrm{QT}^2 = \mathrm{RL} \cdot \mathrm{RQ} \cdot \frac{\mathrm{PV}^2}{\mathrm{AV}^2}$$

가 된다.

한편, 중력은 $\frac{\mathrm{RQ}}{\mathrm{QT}^2} \times \frac{1}{\mathrm{SP}^2}$에 비례하므로

$$(\text{중력}) \propto \frac{1}{\mathrm{RL}} \cdot \frac{1}{\mathrm{RQ}} \cdot \frac{\mathrm{AV}^2}{\mathrm{PV}^2} \times \frac{\mathrm{RQ}}{\mathrm{SP}^2}$$

이 된다. 그런데 P가 Q에 가까워지면 R은 P에 가까워지고 L은 V에 가까워지므로 RL은 PV와 같아진다. 그러므로

$$(\text{중력}) \propto \frac{AV^2}{PV^3 \cdot SP^2}$$

이 된다. AV는 원의 지름으로 일정하므로 중력은 $SP^2 \cdot PV^3$에 반비례한다.

특별한 경우로서 S가 원주위에 있다면 S = V가 되어 SP = PV이므로 중력은 PV^5에 반비례한다.

[두 개의 천체에 의한 중력]

두 개의 천체의 위치를 R, S라고 하고 P를 행성의 위치라고 하자. 이때 P에서 접선과 S를 지나 RP에 평행한 직선이 만나는 점을 G라고 하자. 이때 R에 있는 천체가 작용하는 중력을 F_R, S에 있는 천체가 작용하는 중력을 F_S라고 하면

$$\frac{F_S}{F_R} = \frac{SP \cdot RP^2}{(SG)^3}$$

이 된다.

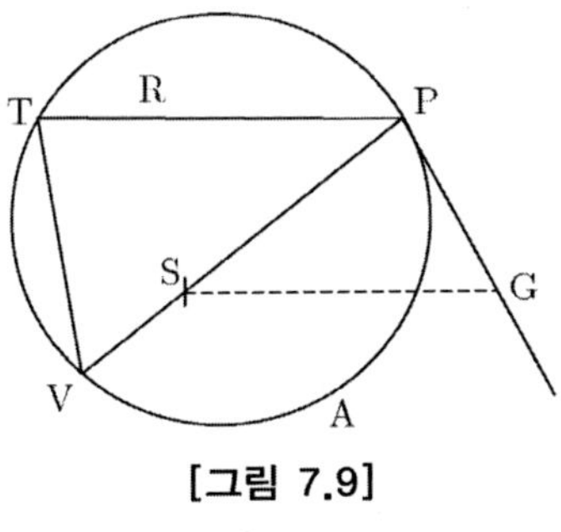

[그림 7.9]

뉴턴은 이 문제를 증명하기 위해 원의 다음 성질을 이용했다.

[성질] 같은 현에 대한 원주각은 크기가 모두 같다.

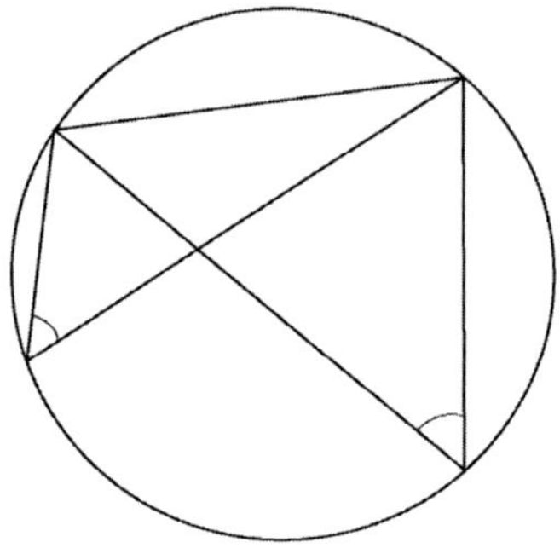

[그림 7.10]

뉴턴은 이 문제를 증명하기 위해 [그림 7.11]을 그렸다.

$$F_R \propto \frac{1}{\mathrm{PT}^3 \cdot \mathrm{RP}^2}$$

$$F_S \propto \frac{1}{\mathrm{PV}^3 \cdot \mathrm{SP}^2}$$

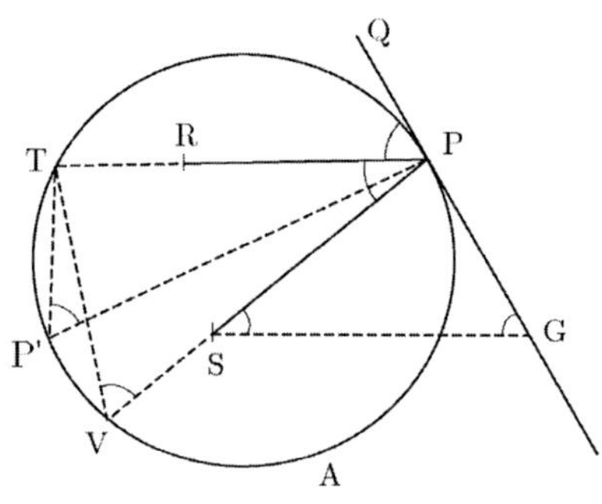

[그림 7.11]

이므로

$$\frac{F_S}{F_R}=\frac{\mathrm{RP}^2 \cdot \mathrm{PT}^3}{\mathrm{SP}^2 \cdot \mathrm{PV}^3}=\mathrm{SP} \cdot \mathrm{RP}^2\left(\frac{\mathrm{PT}}{\mathrm{SP} \cdot \mathrm{PV}}\right)^3$$

이 된다. 그런데 위 그림에 보이듯 $\angle$RPS와 $\angle$PSG는 엇각으로 같다. 한편 그림에서처럼 P′을 PP′이 원의 지름이 되도록 택하자. 그러면 $\angle$P′TR은 직각이다. 이때 $\angle$TP′P와 $\angle$TVP는 같은 현 TP에 대한 원주각이므로 같다.

$$\angle \mathrm{TP'P} = \angle \mathrm{TVP} = \alpha$$

라고 하면 직각삼각형 TP′P에서 내각의 합이 180°이므로

$$\angle \mathrm{TPP'} = 90^\circ - \alpha$$

이고, $\angle$P′PQ가 직각이므로

$$\angle \mathrm{TPQ} = \alpha$$

가 된다. $\angle$TPQ와 $\angle$SGP는 동위각으로 같으므로

$$\angle \mathrm{TPQ} = \angle \mathrm{SGP} = \alpha$$

이 된다. 따라서 삼각형 SPG와 삼각형 PTV는 닮음이다. (두 각이 같으므로)

따라서

$$\mathrm{SP} : \mathrm{SG} = \mathrm{PT} : \mathrm{PV}$$

가 되어

$$\frac{\mathrm{PT}}{\mathrm{SP} \cdot \mathrm{PV}}=\frac{1}{\mathrm{SG}}$$

이 되므로

$$\frac{F_S}{F_R}=\frac{\mathrm{SP} \cdot \mathrm{RP}^2}{(\mathrm{SG})^3}$$

이 된다.

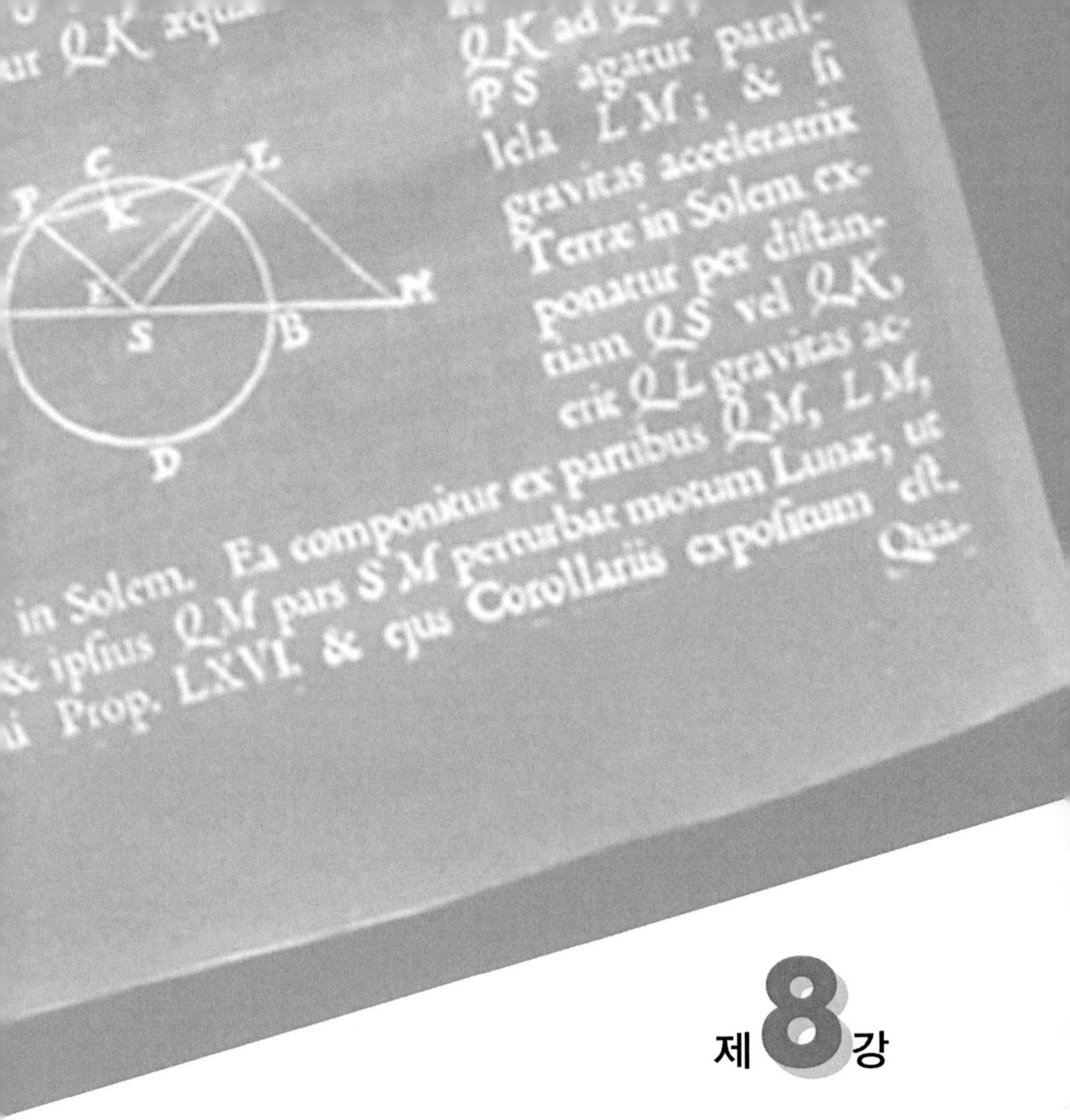

제 8 강

케플러법칙과 만유인력의 법칙

[정리 8-1 : 타원의 외접 사각형의 넓이에 관한 정리]

아래 그림처럼 타원의 중심이 C(0,0)이고 타원의 긴반지름과 짧은 반지름을 각각 a,b라고 하면 타원 위의 점 (x,y)는 타원 방정식

$$\frac{x^2}{a^2}+\frac{y^2}{b^2}=1$$

을 만족한다. 이때 아래 그림처럼 점 P, G, K, D를 만들면 네 점에서 타원의 접선이 만드는 사각형은 평행사변형이고 그 넓이는 $4ab$이다.

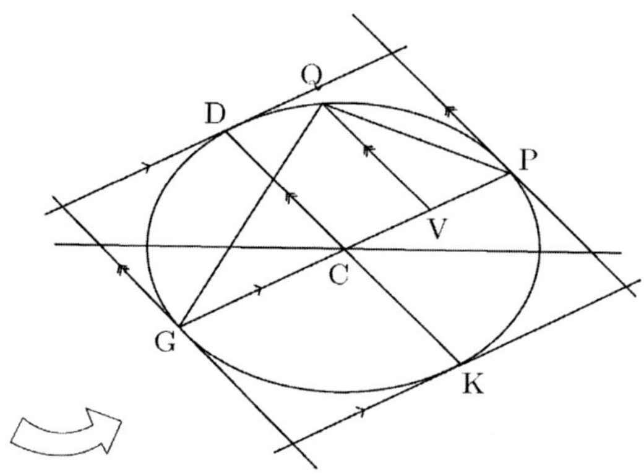

[그림 8.1]

점 P를 $P(x_0,y_o)$라고 하자. 이때 점 P에서 접선의 기울기를 m이라고 하면

$$m=-\frac{x_0b^2}{y_0a^2} \tag{36}$$

이 된다. 선분 DK는 점 P에서의 접선과 평행하므로 직선 DK의 기울기는 m이다. 직선 DK는 원점을 지나므로 직선 DK의 방정식은

$$y = -\frac{x_0 b^2}{y_0 a^2} x \tag{37}$$

가 된다. 점 D는 직선 DK와 타원의 교점이므로 점 D는 식(35)와 (37)을 동시에 만족한다. 두 식을 연립해 좌표를 구하면

$$\mathrm{D}\left(-\frac{a}{b} y_0, \frac{b}{a} x_0\right) \tag{38}$$

가 된다. 점 D에서 접선의 기울기를 구하면 $\frac{y_o}{x_0}$가 되어 직선 CP의 기울기와 같아진다. 그러므로 점 D에서 접선은 직선 CP에 수직이다. 같은 방법으로 점 K에서 접선의 기울기가 $\frac{y_o}{x_0}$가 됨을 알 수 있다. 그러므로 점 D에서의 접선과 점 K에서의 접선은 평행이다. 마찬가지로 점 P에서의 접선과 점 G에서의 접선도 평행하므로 점 P, G, K, D에서 타원의 접선이 만드는 사각형이 평행사변형이다.

이 평행사변형의 넓이는 CP와 CD를 두 변으로 갖는 평행사변형의 넓이의 4배이다. CP와 CD를 두 변으로 갖은 평행사변형의 넓이는 삼각형 CPD의 넓이의 2배이다. 삼각형 CPD의 넓이를 S라고 하면

$$\mathrm{S} = \frac{1}{2} \times \mathrm{CP} \times \mathrm{CD} \times \sin(\angle \mathrm{DCP}) \tag{39}$$

이고, 이것은 $\overrightarrow{\mathrm{CP}}$와 $\overrightarrow{\mathrm{CD}}$의 외적의 크기의 $\frac{1}{2}$이다. 즉,

$$\mathrm{S} = \frac{1}{2} |\overrightarrow{\mathrm{CP}} \times \overrightarrow{\mathrm{CD}}| \tag{40}$$

이다. $\overrightarrow{\mathrm{CP}}=(x_0,\ y_0)$이고, $\overrightarrow{\mathrm{CD}}=(-\frac{a}{b}y_0,\ \frac{b}{a}x_0)$이므로

$$\mathrm{S}=\frac{1}{2}\left(\frac{b}{a}x_0^2+\frac{a}{b}y_0^2\right) \tag{41}$$

이고, $(x_0,\ y_0)$는 타원위의 점이므로

$$\frac{x_0^2}{a^2}+\frac{y_0^2}{b^2}=1 \tag{42}$$

를 만족한다. 식(42)를 식(41)에 넣으면

$$\mathrm{S}=\frac{1}{2}ab \tag{43}$$

가 된다. 그러므로 CP와 CD를 두 변으로 갖는 평행사변형의 넓이는 ab가 되고, 점 P, G, K, D에서 타원의 접선이 만드는 평행사변형의 넓이는 $4ab$가 된다.

[행성]
행성이 어떤 별 주위를 타원궤도를 그리며 공전한다. 별이 타원궤도의 중심에 있다면 행성이 받는 중력은 별과 행성 사이의 거리에 비례한다.

뉴턴은 태양 주위를 도는 행성은 태양을 한 초점으로 하는 타원궤도를 그리지만 만일 우주의 다른 곳에서 별 주위를 도는 행성이 타원궤도를 그리는데 별이 초점에 있지 않고 타원의 중심에 있는 경우를 이 문제에서 다루었다.

뉴턴은 우선 다음 그림을 그렸다.

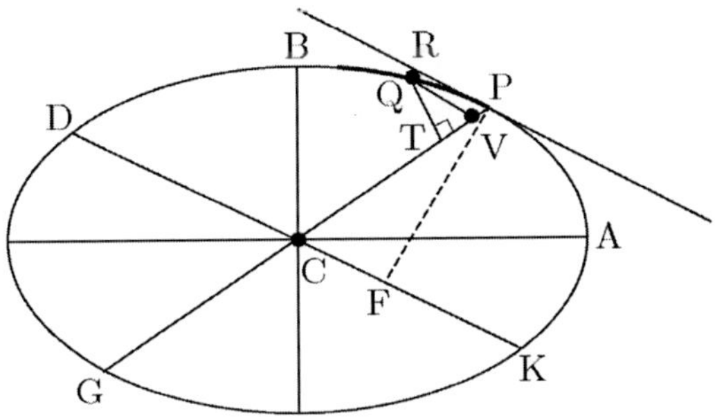

[그림 8.2]

위 그림에서 C는 타원의 중심이고 QT는 CP에 수직이다. 접선 PR과 KD는 평행이고 선분 RQ와 PV는 평행이며 선분 PF는 선분 DK에 수직이다.

이제 $\frac{QV^2}{PV}$을 보자. 이것은 점 Q가 점 P에 한 없이 가까이 가면 $2\frac{CD^2}{CP}$에 수렴한다. 이 과정은 타원의 방정식과 극한에 대한 로피탈의 정리를 써서 증명할 수 있다. 이 증명은 15강 부록에 자세하게 주어져 있다.

$$\frac{QV^2}{PV} = 2\frac{CD^2}{CP} \tag{8-1}$$

를 다시 쓰면

$$\frac{PV}{QV^2} = \frac{CP}{2CD^2} \tag{8-2}$$

이다. 한편 P가 Q에 아주 가까워지면

$$PV = QR$$

이므로 (8-2)는

$$\frac{QR}{QV^2} = \frac{CP}{2CD^2} \tag{8-3}$$

그림에서 RP와 DK가 평행이므로 ∠PCF와 ∠RPV는 엇각으로 같다. 그리고 RP와 QV가 평행이므로 ∠RPV와 ∠QVT는 동위각으로 같다. 그러므로

$$\angle PCF = \angle QVT$$

이다. 따라서 두 직각삼각형 QVT와 PCF는 닮음이므로

$$QV : QT = PC : PF$$

가 된다. 그러므로

$$QV = \frac{CP \cdot QT}{PF} \tag{8-4}$$

이 된다. 식 (8-4)을 식 (8-3)에 넣으면

$$\frac{QR}{CP^2 \cdot QT^2} = \frac{CP}{2PF^2 \cdot CD^2} \tag{8-5}$$

가 된다.

이제 정리 [8.1]를 이용하자. 타원의 외접사각형의 넓이는

$$4ab = 4\,CA \cdot CB$$

인데 [그림 8.3]을 보자.

외접사각형 XYZW는 평행사변형이다. 그런데 XW와 DK와 YZ는 평행이고, XY와 DG와 WZ도 평행이고 C는 선분 DG의 중점이면서 동시에 선분 DK의 중점이므로 네 개의 평행사변형 XPCD, PWKC, DCGY, CKZG는 닮음이다. 그러므로 사각형

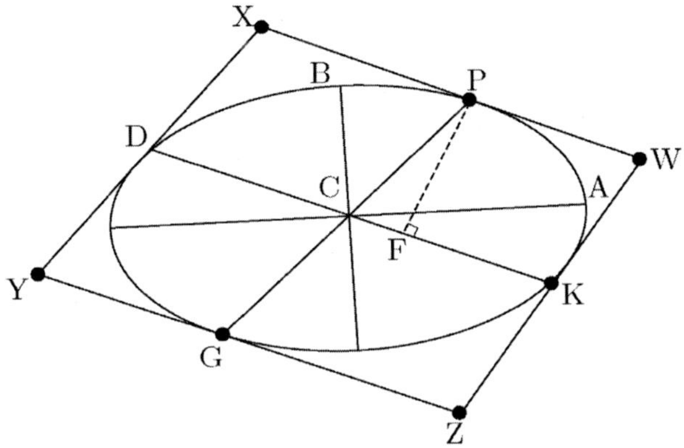

[그림 8.3]

XYZW의 넓이는 평행사변형 XPCD의 넓이의 네 배이다. 평행사변형 XPCD는 밑변의 길이가 CD이고 높이가 PF이므로

$$(\text{평행사변형 XPCD의 넓이}) = \mathrm{CD} \cdot \mathrm{PF}$$

가 된다. 따라서

$$\mathrm{CD} \cdot \mathrm{PF} = \mathrm{CA} \cdot \mathrm{CB}$$

가 된다. 이식을 다시 쓰면

$$\mathrm{PF} = \frac{\mathrm{CA} \cdot \mathrm{CB}}{\mathrm{CD}} \tag{8-6}$$

이 된다. (8-6)을 (8-5)에 넣으면

$$\frac{\mathrm{QR}}{\mathrm{CP}^2 \cdot \mathrm{QT}^2} = \frac{\mathrm{CP}}{2\mathrm{CA}^2 \cdot \mathrm{CB}^2}$$

이 되고, 타원에 대해 CA,CB는 일정한 값이므로

$$\frac{\mathrm{QR}}{\mathrm{CP}^2 \cdot \mathrm{QT}^2} \propto \mathrm{CP}$$

가 된다.

[만유인력 법칙의 증명]
행성이 태양을 한 초점으로 하는 타원궤도를 그리며 공전할 때 행성이 받는 중력은 행성과 태양과의 거리의 제곱에 반비례한다.

제7강의 (14)로부터 태양이 지구를 잡아당기는 힘(중력)을 구하면

$$F = k \times \left(\frac{\mathrm{RQ}}{\mathrm{QT}^2}\right) \times \frac{1}{\mathrm{SP}^2}$$

이 된다. 그러므로 $\frac{\mathrm{RQ}}{\mathrm{QT}^2}$이 일정한 값이라면 $k \times \left(\frac{\mathrm{RQ}}{\mathrm{QT}^2}\right)$가 일정한 값이므로

$$F = (\text{일정한 값}) \times \frac{1}{\mathrm{SP}^2}$$

이 된다.

뉴턴은 행성이 타원위의 어느 위치에 있든 $\frac{\mathrm{RQ}}{\mathrm{QT}^2}$이 일정하다는 것을 보임으로써 역제곱법칙을 완성했다. 이제 그의 증명방법을 따라가 보자.

[그림 8.4]에서 C는 타원의 중심, S는 한 초점으로 태양의 위치이고 QT는 SP에 수직이다. 접선 PR과 KD는 평행이고 X는 선분 SP위의 점이고 선분 QX와 선분 RP는 평행이다. 선분 QX의 연장선과 선분 PG와의 교점을 V, 점 P에서 선분 KD에 내린 수선을

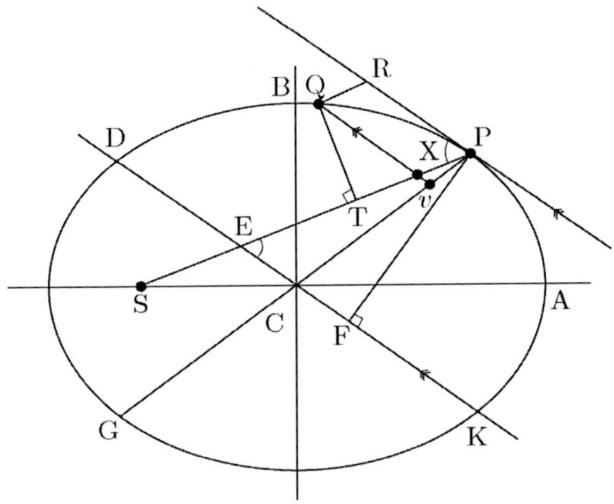

[그림 8.4]

PF라고 하자. 여기에서 뉴턴은 천재적인 영감으로 $\frac{\mathrm{QT}^2}{\mathrm{QR}}$을 다음과 같은 놀라운 등식으로 나타냈다.

$$\frac{\mathrm{QT}^2}{\mathrm{QR}}=\frac{\mathrm{PX}}{\mathrm{QR}}\times\frac{\mathrm{PV}}{\mathrm{PX}}\times\frac{\mathrm{QV}^2}{\mathrm{PV}}\times\left[\frac{\mathrm{QX}}{\mathrm{QV}}\right]^2\times\left[\frac{\mathrm{QT}}{\mathrm{QX}}\right]^2 \tag{16}$$

먼저 $\frac{\mathrm{PX}}{\mathrm{QR}}$을 보자. 점 Q가 점 P에 한없이 가까워지면 사각형 PX와 QR은 같아지므로

$$\frac{\mathrm{PX}}{\mathrm{QR}}=1 \tag{17}$$

이 된다.

이제 $\frac{\mathrm{PV}}{\mathrm{PX}}$를 보자. 삼각형 PEC서 선분 XV와 선분 EC가 평행하므로 삼각형 PXV와 삼각형 PEC는 닮음이다. 그러므로

$$\frac{\mathrm{PV}}{\mathrm{PX}}=\frac{\mathrm{PC}}{\mathrm{PE}} \tag{18}$$

이다.

이제 다음 그림을 보자.

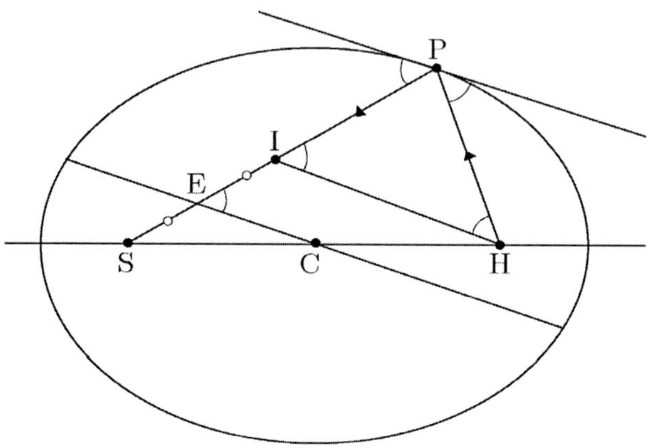

[그림 8.5]

여기서 S와 H는 타원의 두 초점이다. 타원의 각 점에서 접선에 대한 입사각과 반사각은 같으므로 P에서의 접선과 평행한 선분 IH를 그리면 삼각형 PIH는 이등변 삼각형이므로

$$PI = PH \tag{19}$$

이다. 또한 타원의 중심 C를 지나면서 P에서의 접선에 평행한 선분과 선분 SP의 교점을 E라고 하면 삼각형 SCE와 삼각형 SHI는 닮음이다. 이때

$$SC = CH \tag{20}$$

이므로, 닮음의 성질에 의해

$$SE = EI \tag{21}$$

가 된다.

한편, P는 타원위의 점이므로

$$SP + PH = 2a \tag{22}$$

이고,

$$SP = PE + ES \tag{23}$$

$$PH = PI = PE - EI \tag{24}$$

이므로

$$PE + ES + PE - EI = 2a \tag{25}$$

이다. 식 (21)을 이용하면

$$PE = a \tag{26}$$

가 된다. 그러므로

$$\frac{PV}{PX} = \frac{PC}{a} \tag{27}$$

가 된다.

이제 $\frac{QV^2}{PV}$을 보자. 이것은 점 Q가 점 P에 한 없이 가까이 가면 $2\frac{CD^2}{CP}$에 수렴한다. 이 과정은 타원의 방정식과 극한에 대한 로피탈의 정리를 써서 증명할 수 있다. 이 증명은 15강 부록에 자세하게 주어져 있다.

이제 $\left[\frac{QX}{QV}\right]^2$을 보자. 점 Q가 점 P에 한없이 가까워지면 XV는 0에 한없이 가까워지므로 QX와 QV는 같아지게 된다. 그러므로

$$\left[\frac{QX}{QV}\right]^2 = 1 \tag{28}$$

이 된다.

이제 마지막으로 $\left[\frac{\text{QT}}{\text{QX}}\right]^2$을 보자. 선분 RP와 선분 QV가 평행하고 ∠RPX와 ∠QXT는 동위각으로 같다.

$$\angle\text{RPX} = \angle\text{QXT} \tag{29}$$

또한, 선분 RP와 선분 EF가 평행이고 ∠RPX와 ∠PEF는 엇각으로 같다.

$$\angle\text{RPX} = \angle\text{PEF} \tag{30}$$

따라서 직각삼각형 QXT와 직각삼각형 PEF는 닮음이므로

$$\frac{\text{QT}}{\text{QX}} = \frac{\text{PF}}{\text{PE}} = \frac{\text{PF}}{a} \tag{31}$$

가 된다.

이제 식 (17), (27), (28), (31)을 식 (16)에 넣으면

$$\begin{aligned}\frac{\text{QT}^2}{\text{QR}} &= 1\times\frac{\text{PC}}{a}\times\frac{2\text{CD}^2}{\text{PC}}\times 1\times\left[\frac{\text{PF}}{a}\right]^2 \\ &= \frac{2}{a^3}(\text{CD}\times\text{PF})^2 \end{aligned}\tag{32}$$

이 얻어진다.

여기서 CD×PF는 타원에 외접하는 평행사변형의 넓이의 4분이 1로 타원의 장반경을 a, 단반경은 b라고 할 때 ab와 같아진다. 이것에 대한 자세한 증명 역시 15강 부록에 주어져 있다. 그러므로 식 (32)는

$$\frac{\text{QT}^2}{\text{QR}} = \frac{2b^2}{a} \tag{33}$$

가 된다. 이 결과를 식 (14)에 대입하면

$$F = \frac{ka}{2b^2}\times\frac{1}{\text{SP}^2} \tag{34}$$

가 되고, k, a, b는 일정한 값이므로 태양이 지구를 잡아당기는 힘(중력)은 태양과 지구 사이의 거리의 제곱에 반비례한다는 뉴턴의 중력의 법칙이 유도 된다.

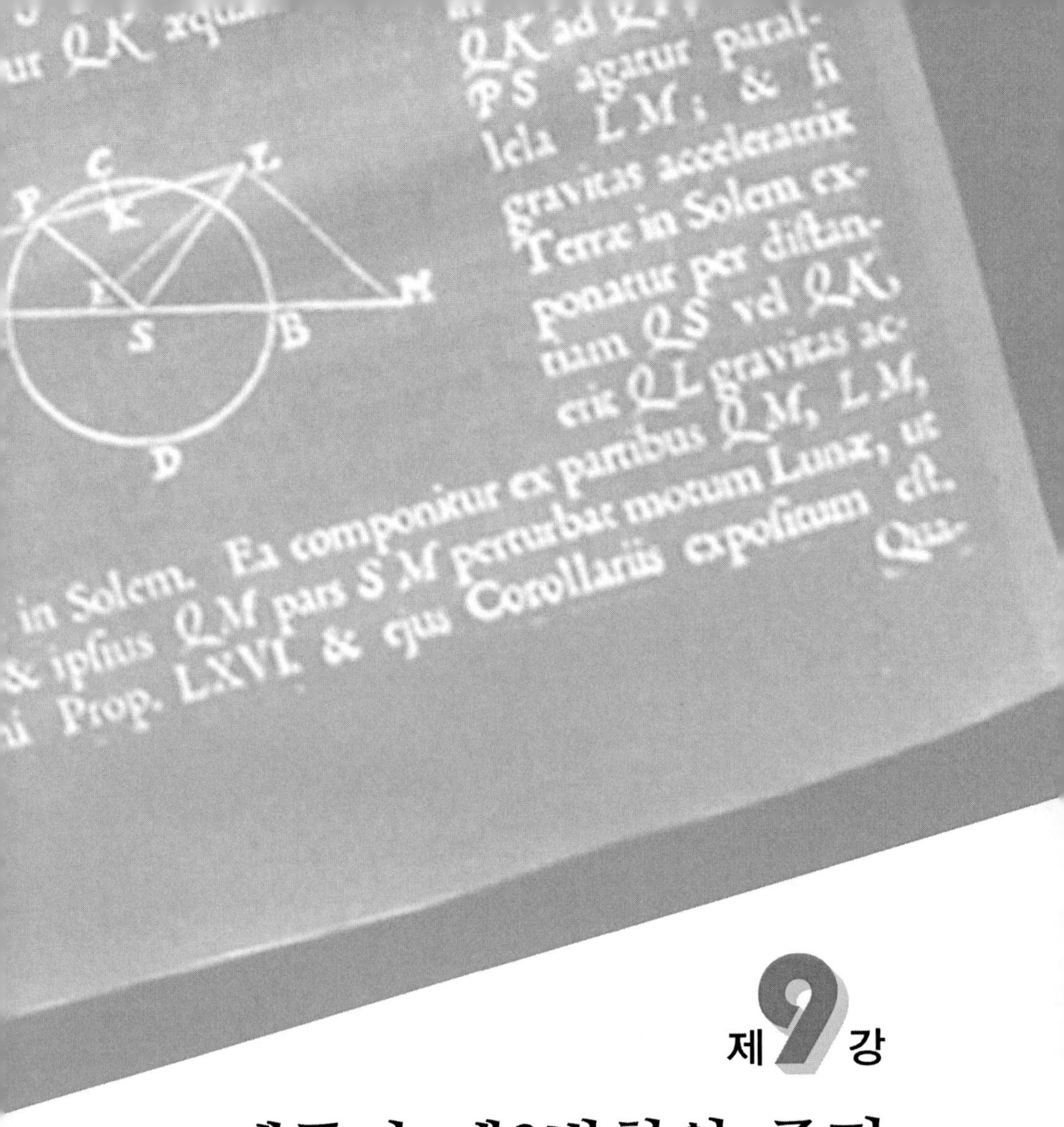

제9강 케플러 제3법칙의 증명

뉴턴은 이 장에서 타원의 성질을 이용해 케플러의 제3법칙을 증명했다.

[통경의 정의]
타원의 초점을 지나고 타원의 긴 반지름 방향에 수선을 그었을 때 타원과 만나는 두 점 사이의 거리를 통경 L이라고 한다. 타원의 긴 반지름을 a, 짧은 반지름을 b라고 하면

$$L = \frac{2b^2}{a}$$

이다.

타원의 방정식을 $\frac{x^2}{a^2} + \frac{y^2}{b^2} = 1$이라고 하고 초점의 좌표를 $(p,0)$, $(-p,0)$라고 하면 통경 L은 다음 그림에서 선분 XY의 길이이다.

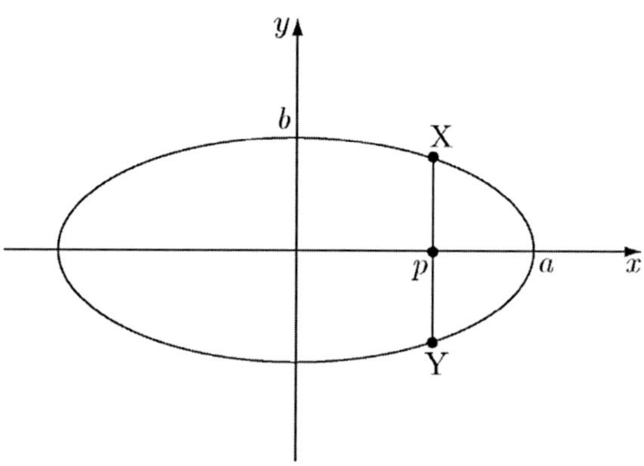

[그림 9.1]

타원의 각 점은 두 초점으로 부터의 거리의 합이 긴 반지름의 두 배가 되는 성질을 만족한다. 아래 그림처럼 타원 위의 한 점 $A(0, b)$를 택하고 두 초점을 S와 F라고 하자.

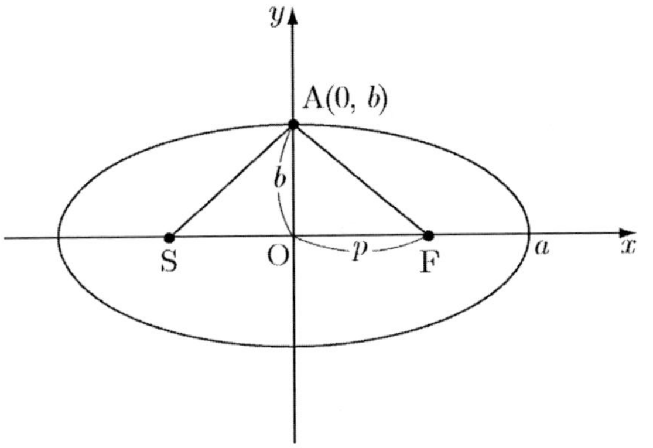

[그림 9.2]

A (0, b)가 타원위의 점이므로

$$SA + AF = 2a$$

를 만족한다. 그런데 $SA = AF$이므로 $AF = a$가 된다. 직각 삼각형 AOF에서 피타고라스 정리를 쓰면

$$p^2 + b^2 = a^2$$

이 된다. 이제 통경 L을 구해보자. 점 X 역시 타원위의 점이므로

$$SX + FX = 2a$$

를 만족한다. 다음 그림을 보라.

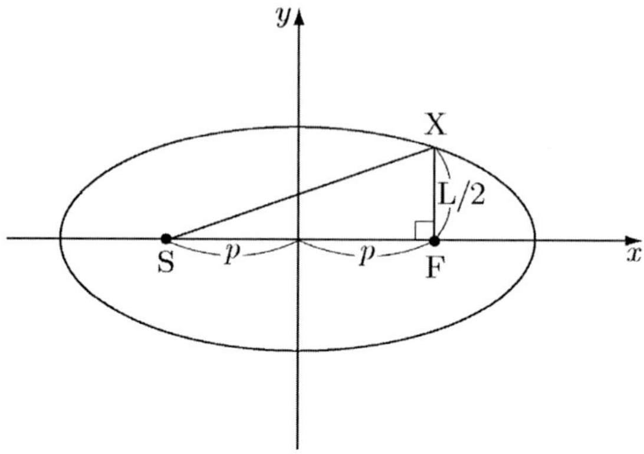

[그림 9.3]

$\mathrm{SX} = 2a - \mathrm{FX}$ 이고 $\mathrm{FX} = \frac{L}{2}$ 이므로 직각삼각형 XAF에서 피타고라스 정리를 이용하면

$$(2a - \frac{L}{2})^2 = (2p)^2 + (\frac{L}{2})^2$$

을 만족한다. 이 식을 전개해 정리하면

$$L = \frac{2b^2}{a}$$

가 된다.

[타원의 넓이]

행성이 태양을 한 초점으로 하는 타원궤도를 그리며 공전할 때 주기를 T라고 하고 통경을 L이라고 하면 타원의 전체넓이는 $\sqrt{L} \cdot T$에 비례한다.

$L=\dfrac{2b^2}{a}$과 식을 이용하면

$$L=\frac{\mathrm{QT}^2}{\mathrm{QR}}=\frac{2b^2}{a}$$

가 된다. 이제 다음 그림을 보자.

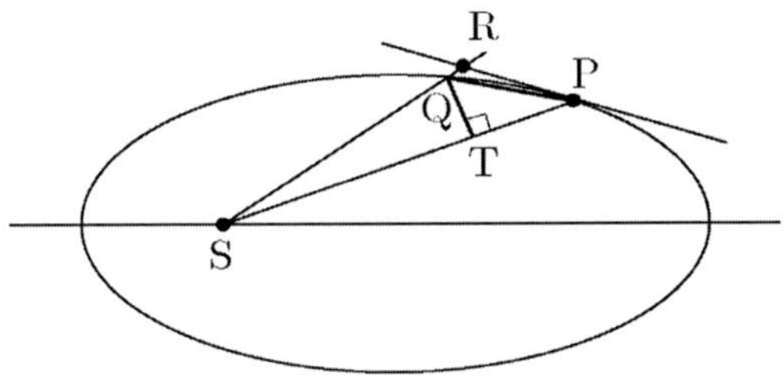

[그림 9.4]

위 그림에서 QR은 낙하거리를 의미한다. 아주 짧은 시간 Δt동안을 생각하면 갈릴레이 낙하법칙에 따라

$$\begin{aligned}\mathrm{QR}&=\frac{1}{2}\times(\text{가속도})\times\Delta t^2\\&=\frac{1}{2}\times\frac{(\text{중력})}{(\text{행성의 질량})}\times\Delta t^2\end{aligned}$$

이 된다. 그런데 제7강의 (14)로부터

$$(\text{중력})\ \propto\ \frac{1}{\mathrm{SP}^2}$$

이므로

$$\mathrm{QR}\ \propto\ \frac{\Delta t^2}{2\mathrm{SP}^2}$$

이 된다. 이 비례상수를 K라고 하면

$$\mathrm{QR} = K\ \frac{\Delta t^2}{2\mathrm{SP}^2}$$

가 된다. 케플러 제2법칙에 의해 면적속도가 일정하므로 면적속도를 α라고 하면

$$\alpha = \frac{\left(\frac{1}{2}\mathrm{QT} \cdot \mathrm{SP}\right)}{\Delta t}$$

가 된다. 이 식에서

$$\mathrm{QT} = \frac{2\alpha \Delta t}{\mathrm{SP}}$$

이므로

$$L = \frac{\mathrm{QT}^2}{\mathrm{QR}} \propto \alpha^2$$

이 된다. 한편 면적속도는 타원의 넓이를 주기 T로 나눈 값이다. 즉,

$$\alpha = \frac{(\text{타원의 넓이})}{T}$$

따라서

$$L \propto \left[\frac{(\text{타원의 넓이})}{T}\right]^2$$

이므로

$$(\text{타원의 넓이}) \propto \sqrt{L} \cdot T$$

가 된다.

[케플러 제3법칙]
행성이 태양을 한 초점으로 하는 타원궤도를 그리며 공전할 때 주기의 제곱은 긴 반지름의 세제곱에 비례한다.

타원의 넓이는 πab이고, $L = \dfrac{2b^2}{a}$에서

$$b = \sqrt{\frac{a}{2}L}$$

이므로 타원의 넓이는 $a\sqrt{a}$에 비례한다. 한편,

$$(\text{타원의 넓이}) \propto T$$

이므로 주기와 $a\sqrt{a}$는 비례한다. 즉

$$T \propto a\sqrt{a}$$

양변을 제곱하면

$$T^2 \propto (a\sqrt{a})^2$$

이 되어,

$$T^2 \propto a^3$$

이 된다.

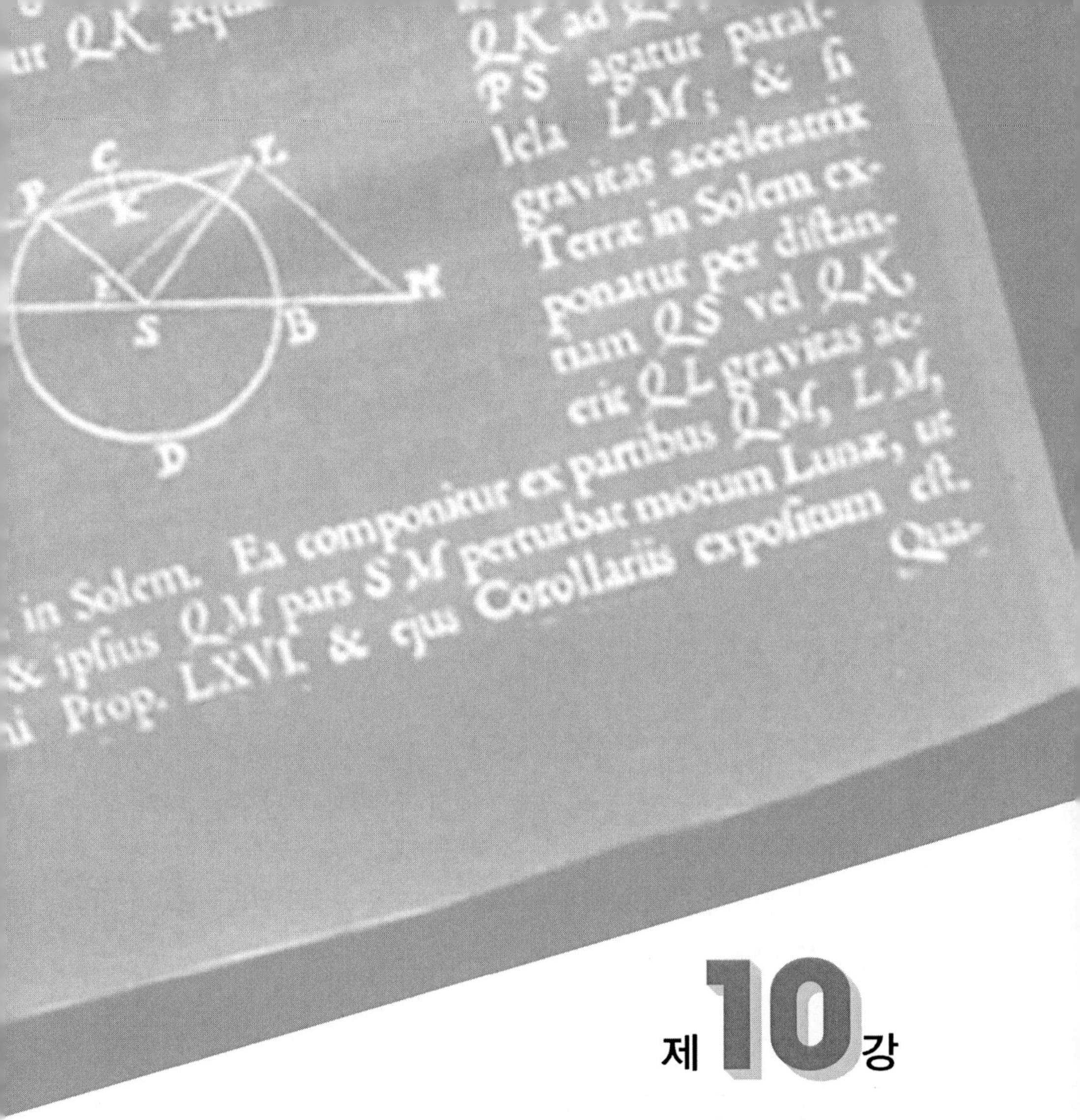
Terræ in Solem ex-
ponatur per distan-
in Solem. Ea componitur ex partibus QM, LM,
& ipsius QM pars SM perturbat motum Lunæ, ut
Prop. LXVI. & ejus Corollariis expositum est.

제 10 강

포물선 운동

뉴턴은 타원운동뿐 아니라 포물선 운동도 아름다운 방법으로 설명했다. 우선 포물선에 대해 간단하게 설명하자. 포물선은 한 점과 그 점을 지나지 않는 직선으로 부터의 거리가 같은 점들의 모임이다. 이때 이 한 점 F를 초점이라고 하고 직선 l을 준선이라고 부른다.

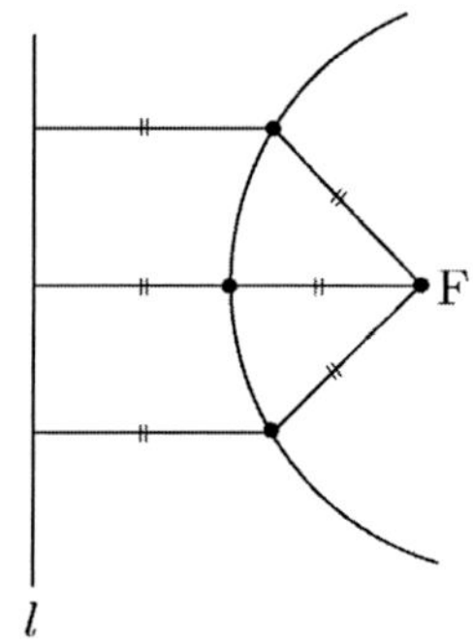

[그림 10.1]

초점으로 준선에 수선을 그리고 준선과 초점으로부터 같은 거리에 있는 점을 원점으로 택하고 초점의 좌표를 $F(p,0)$라고 하면 준선의 식은 $x=-p$가 된다. 이때 원점 O(0,0)을 포물선의 꼭지점이라고 부른다.

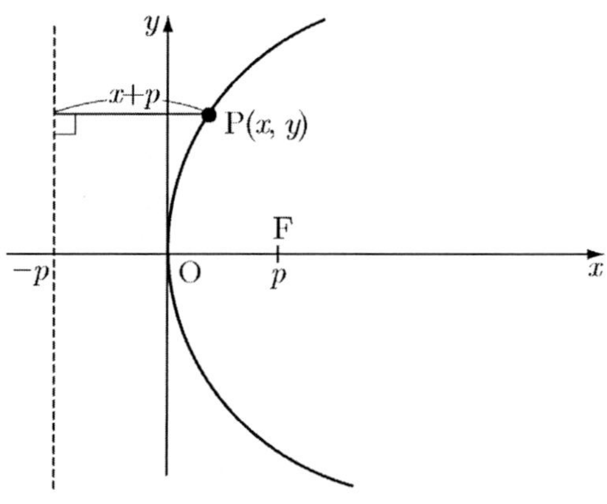

[그림 10.2]

이 포물선위의 임의의 한 점을 $\mathrm{P}(x, y)$라고 하면 준선까지의 거리는

$$x+p$$

이고 초점까지의 거리는

$$\mathrm{PF}=\sqrt{(x-p)^2+y^2}$$

이다. 따라서 포물선의 정의에 따라

$$\sqrt{(x-p)^2+y^2}=x+p$$

가 되고, 양변을 제곱하면 포물선의 방정식

$$y^2=4px$$

를 얻는다.

[포물선운동을 하는 물체의 중력]

아래 그림과 같은 포물선을 생각하자. 포물선의 초점을 $\mathrm{F}(p, 0)$, 꼭지점을 원점 $\mathrm{O}(0,0)$라고 하고 포물선위의 임의의 점을 $\mathrm{P}(x_0, y_0)$라고 하고 초점으로부터 점 P에서의 포물선의 접선에 내린

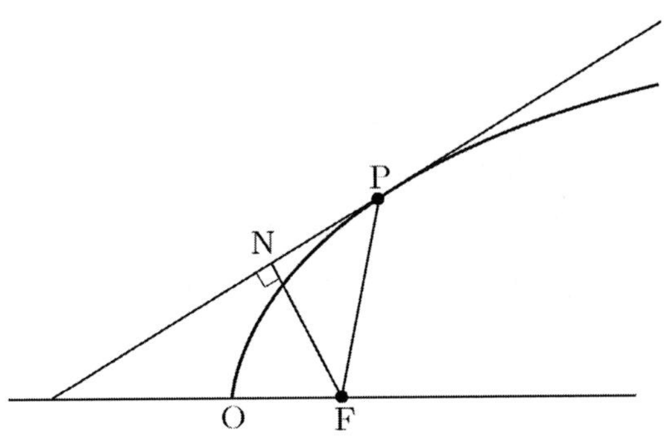

[그림 10.3]

수선의 발을 N이라고 하면

$$\mathrm{FN}^2 \propto \mathrm{PF}$$

이다.

이 포물선의 방정식은 $y^2 = 4px$ 이다. P $(x_0,\ y_0)$가 포물선위의 점이므로

$$y_0^2 = 4px_0$$

이다. 이때 다음 그림을 생각하자.

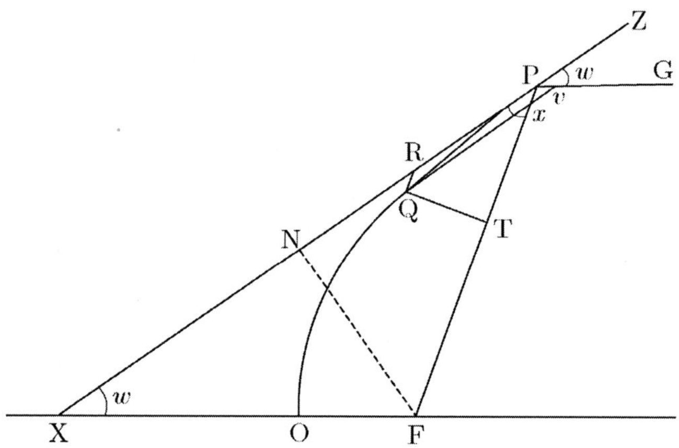

[그림 10.4]

위 그림에서 X는 P에서의 접선이 x축과 만나는 점이다. 우선 이 점의 좌표를 구해보자. P에서 접선은

$$y_0 y = 2p(x + x_0)$$

이다. x축과 만나는 점은 $y=0$일 때의 x값이므로

$$x=-x_0$$

가 된다. 즉 $\mathrm{X}(-x_0,0)$이다. 한편

$$\begin{aligned}\mathrm{PF}^2&=\mathrm{OF}^2+\mathrm{OP}^2\\&=(x_0-p)^2+y_0^2\\&=(x_0+p)^2\\&=\mathrm{XF}^2\end{aligned}$$

이다. 따라서 삼각형 PXF는 이등변 삼각형이다. 그림에서 N은 접선의 y절편이다. y절편은 접선의 방정식 $y_0y=2p(x+x_0)$에서 $x=0$일 때의 값이므로

$$y=\frac{2px_0}{y_0}$$

가 되어, $\mathrm{N}(0,\frac{2px_0}{y_0})$이 된다. 이제 선분 FN과 선분 XP가 수직임을 보이자.

선분 XP의 기울기는 $\frac{2p}{y_0}$이고, 선분 FN의 기울기는 $-\frac{2x_0}{y_0}$이다. 두 기울기를 곱하면

$$\frac{2p}{y_0}\times\left(-\frac{2x_0}{y_0}\right)=-\frac{4px_0}{y_0^2}=-1$$

이므로 선분 XP와 선분 FN은 수직이다. 따라서 N은 PX의 중점이다.

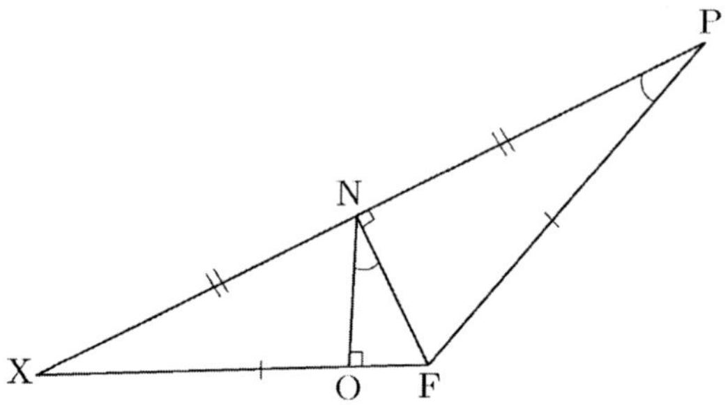

[그림 10.5]

위 그림에서 $\angle ONF = \angle NPF$이므로 삼각형 FNO와 삼각형 FPN은 닮음이다. 따라서

$$FN : OF = PF : FN$$

이 되어,

$$FN^2 = OF \cdot PF$$

가 된다. 이 식으로부터

$$\frac{FN^2}{PF} = OF = p = 일정$$

가 된다.

$$\begin{aligned}\frac{PF^2}{FN^2} &= \frac{FN^2}{OF^2} \\ &= \frac{FN^2}{PF} \cdot \frac{PF}{OF^2} \\ &= OF \cdot \frac{PF}{OF^2} \\ &= \frac{1}{p}\ PF\end{aligned}$$

가 되어

$$\frac{\mathrm{PF}}{\mathrm{FN}^2} = p = \text{일정}$$

이 된다.

> **[포물선운동을 하는 물체의 중력]**
> 행성이 어떤 별 주위를 포물선 운동할 때 행성이 받는 중력은 행성과 별과의 거리의 제곱에 반비례한다.

다음 그림을 보자.

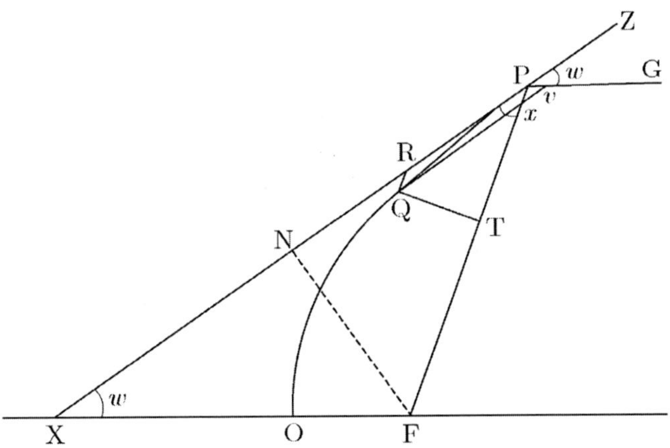

[그림 10.6]

여기서 행성이 포물선을 따라 아주 짧은 시간동안 P에서 Q로 움직인다고 해보자. Q에서 FP에 평행한 직선이 P에서의 접선과 만나는 점을 R이라고 하고 Q에서 선분 PF에 내린 수선의 발을 T라고 하고, PG를 XF와 평행하다고 하자. 또한 Q를 지나며 XP에 평행인 직선을 그려 선분 FP와의 교점을 x, 선분 PG와의 교점을 v라고 하자.

이때 아주 짧은 시간을 생각하면

$$\mathrm{P}x \cong \mathrm{P}v$$

이다.

한편 $\mathrm{Q}(x_1, y_1)$이라고 하면 $y_1^2 = 4px_1$을 만족하고 직선 $\mathrm{Q}x$의 식은

$$y - y_1 = \frac{2p}{y_0}(x - x_1)$$

이 되고, 직선 PG의 식은

$$y = y_0$$

이다. 두 직선 $\mathrm{Q}x$와 PG의 교점이 v이므로

$$v = (x_1 + \frac{y_0}{2p}(y_0 - y_1),\ y_0)$$

가 되어

$$\begin{aligned}\mathrm{Q}v^2 &= [\frac{y_0}{2p}(y_0 - y_1)]^2 + (y_1 - y_0)^2 \\ &= (1 + \frac{y_0^2}{4p^2})(y_0 - y_1)^2 \\ &= (1 + \frac{x_0^2}{p})(y_0 - y_1)^2\end{aligned}$$

이 된다.

한편, $\mathrm{PF} = x_0 + p$이고

$$\begin{aligned}\mathrm{P}v &= x_0 - x_1 - \frac{y_0}{2p}(y_0 - y_1) \\ &= \frac{y_0^2}{4p} + \frac{y_1^2}{4p} - \frac{y_0}{2p}(y_0 - y_1) \\ &= \frac{1}{4p}(y_0 - y_1)^2\end{aligned}$$

이 되어,

$$\mathrm{Q}v^2 = 4\mathrm{PF} \cdot \mathrm{P}v$$

가 성립한다. 그런데 $\mathrm{P}v = \mathrm{QR}$이므로

$$\mathrm{Q}v^2 = 4\mathrm{PF} \cdot \mathrm{QR}$$

이 된다. 아주 짧은 시간을 생각하면

$$\mathrm{Q}x \cong \mathrm{Q}v$$

이므로

$$\mathrm{Q}x^2 = 4\mathrm{PF} \cdot \mathrm{QR}$$

이다.

한편 그림에서 $\angle\mathrm{PXF} = w$ 라고 하면 $\angle\mathrm{PXF}$와 $\angle\mathrm{ZPG}$는 동위각으로 같다. 즉,

$$\angle\mathrm{ZPG} = w$$

또한 삼각형 PXF는 이등변 삼각형이므로

$$\angle\mathrm{NPF} = \angle\mathrm{PXF} = w$$

이다. 그러므로 삼각형 $\mathrm{Q}x\mathrm{T}$와 삼각형 FPN은 닮음이다. 따라서

$$\frac{\mathrm{Q}x}{\mathrm{QT}} = \frac{\mathrm{PF}}{\mathrm{FN}}$$

이다. 양변을 제곱하면

$$\frac{Qx^2}{QT^2}=\frac{PF^2}{FN^2}$$

이다. $FN^2=PPF$이므로,

$$\frac{PF^2}{FN^2}=\frac{1}{p}PF$$

이 되고, $Qx^2=4PF\cdot QR$이므로,

$$\frac{QR}{QT^2}=\frac{1}{4p}=\text{일정}$$

이 된다.

포물선의 초점에 있는 별의 중력에 의해 행성이 포물선 궤도를 그릴 때 중력의 크기는 $\frac{QR}{QT^2}$이 일정하므로 $\frac{1}{PF^2}$에 비례한다.[4)] 즉, 별과 행성 사이의 거리의 제곱에 반비례한다.

[천체의 속력에 관한 정리]

아래 그림처럼 어떤 천체가 별 주위를 포물선 운동한다. 별이 초점 F에 있다고 하자. 이때 별이 작용하는 중력에 의해 천체가 P에서 O로 내려오는 운동을 생각하자. 이때 P에서 직선 OF에 내린 수선의 발을 R, 선분 OF의 중점을 G라고 하자. 선분 GH와 선분 PR이 평행하고, PH = FH라고 하자. 이때 천체가 P에서 O로 내려오는 데 걸리는 시간을 t라고 하고 천체가 0점

4) 7강의 점 S를 점F로 생각하면 된다.

에 있을 때 천체의 속력을 v_0라고 하면

$$GH = \frac{3}{8}v_0 t$$

이다.

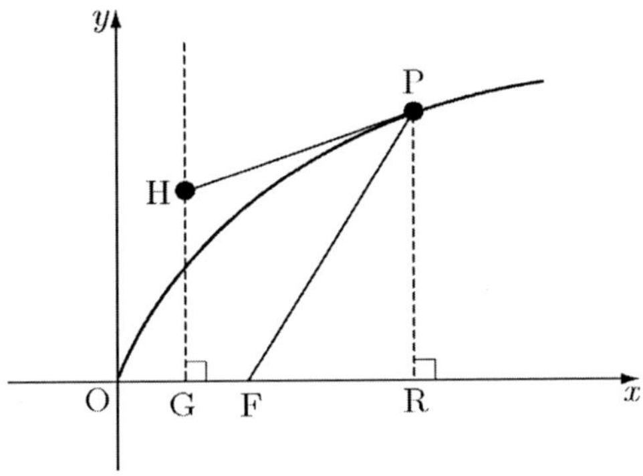

[그림 10.7]

초점의 좌표를 $F(p, 0)$, P 점의 좌표를 $P(x_0, y_0)$라고 하면 포물선의 식은

$$y^2 = 4px$$

이다. 이때

$$\begin{aligned} OG^2 + GH^2 &= GF^2 + GH^2 \\ &= FH^2 \\ &= HP^2 \end{aligned}$$

이 된다. 이번에는 다음 그림을 보자.

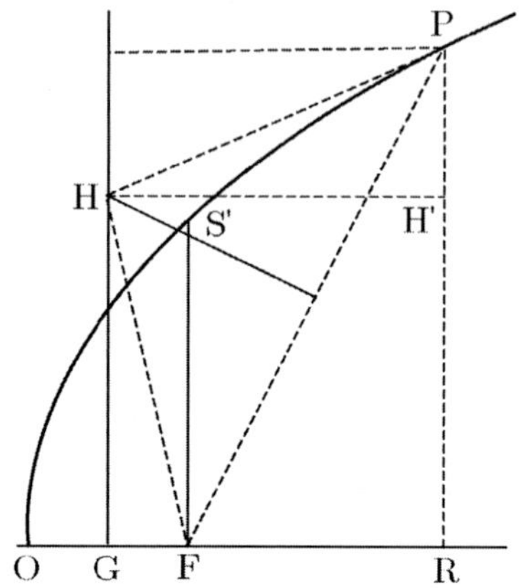

[그림 10.8]

H에서 선분 PR에 내린 수선의 발을 H′, H에서 선분 PF에 내린 수선이 포물선과 만나는 점을 S′이라고 하자. 이때

$$\begin{aligned} HP^2 &= H'H^2 + H'P^2 \\ &= (OR - OG)^2 + (PR - H'R)^2 \end{aligned}$$

이 되고, GH = RH′을 이용하면

$$OG^2 + GH^2 = (OR - OG)^2 + (PR - GH)^2$$

이 된다. 따라서

$$OR^2 + PR^2 - 2OR \cdot OG = 2PR \cdot GH$$

이다. P점이 포물선위의 점이므로

$$OP^2 = 4OP \cdot OR$$

이다. OP = 2OG이므로

$$OG \cdot OR = \frac{1}{8}PR^2$$

이다. 따라서

$$2\mathrm{PR} \cdot \mathrm{GH} = \mathrm{OR}^2 + \frac{3}{4}\mathrm{PR}^2$$

이 되고, 양변을 PR로 나누면

$$\begin{aligned} 2\mathrm{GH} &= \frac{3}{4}\mathrm{PR} + \frac{\mathrm{OR}^2}{\mathrm{PR}} \\ &= \frac{3}{4}\mathrm{PR} + \frac{\mathrm{OR} \cdot \mathrm{PR}}{\mathrm{OF}} \end{aligned}$$

이 된다. 즉,

$$2\mathrm{GH} \cdot 4\mathrm{OF} = \mathrm{OR} \cdot \mathrm{PR} + 3\mathrm{OF} \cdot \mathrm{PR}$$

이다. $\mathrm{OF} = p$와 $\mathrm{OF} = \mathrm{OR} - \mathrm{FR}$이므로

$$\begin{aligned} \frac{4}{3}\mathrm{GH} \cdot p &= \frac{2}{3}\mathrm{PR} \cdot \mathrm{OR} - \frac{1}{2}\mathrm{PR} \cdot \mathrm{FR} \\ &= \frac{2}{3}x_0 y_0 - (\text{삼각형 FRP 의 넓이}) \end{aligned}$$

한편 다음 그림을 보자.

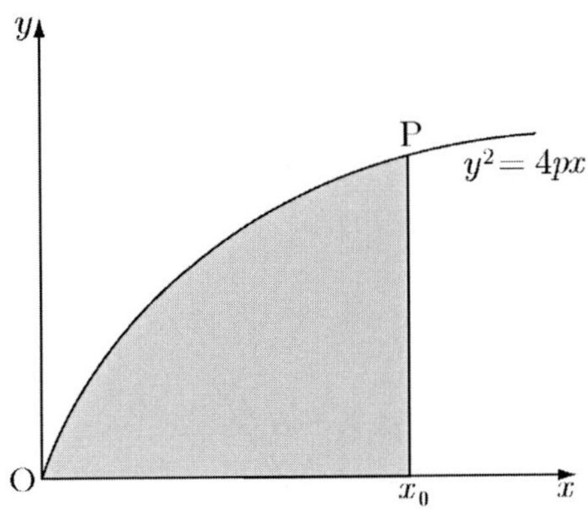

[그림 10.9]

위 그림의 빗금 친 부분의 넓이를 A라고 하면

$$\begin{aligned} \mathrm{A} &= \int_0^{x_0} y\,dx = \int_0^{x_0} \sqrt{4px}\,dx \\ &= \int_0^{x_0} \sqrt{4p}\,x^{1/2}dx \\ &= \frac{2}{3}x_0 y_0 \end{aligned}$$

가 된다. 그러므로

$\frac{4}{3}$ GH · $p = A -$(삼각형 FRP의 넓이)

=천체가 P에서 O까지 이동할 때 천체가 휩쓸고 지나간 넓이

이다. 천체가 이 넓이를 휩쓸고 지나가는 데 걸리는 시간이 t이므로 면적속도 일정의 법칙에 따라 면적속도를 α라고 하면

$$\alpha = \frac{(\text{천체가 P에서 O까지 이동할 때 천체가 휩쓸고 지나간 넓이})}{t}$$

가 된다.

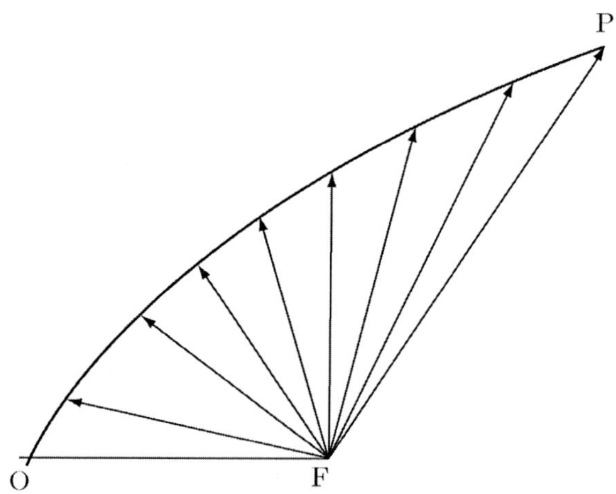

[그림 10.10]

그러므로

$$\mathrm{GH} = \frac{3\alpha}{4p}t$$

이제 천체가 점 O에 있을 때의 속력을 구해보자. 그러기 위해 다음 그림을 보자.

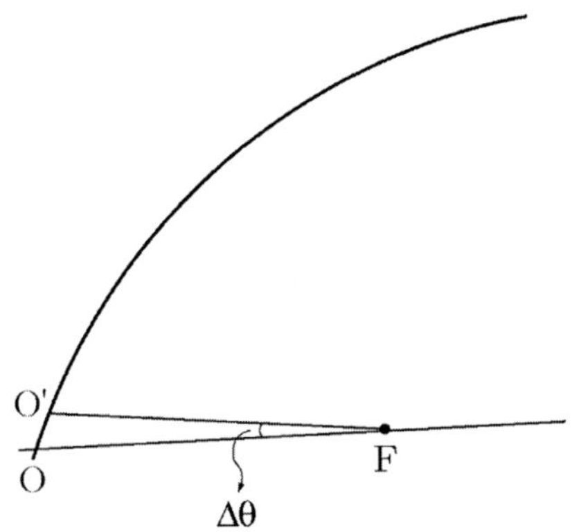

[그림 10.11]

천체가 O′에서 O로 거의 0에 가까울 정도로 아주 짧은 시간동안 움직이는 경우를 보자. 이때 곡선 O′O와 두 선분 FO, FO′으로 둘러싸인 부분의 넓이는 반지름이 FO인 부채꼴의 넓이로 생각할 수 있고 이 시간 동안 천체가 움직이는 동안 면적속도가 일정하므로

$$\frac{\frac{1}{2}\mathrm{OF}^2\Delta\theta}{\Delta t} = \alpha$$

점 O에서 천체의 속력을 v_0라고 하면

$$v_0 = \frac{\mathrm{OO'}}{\Delta \mathrm{t}}$$

이므로

$$v_0 = \frac{2\alpha}{\mathrm{OF}}$$

가 된다. 그러므로

$$\mathrm{GH} = \frac{3}{8}\, v_0 t$$

가 된다.

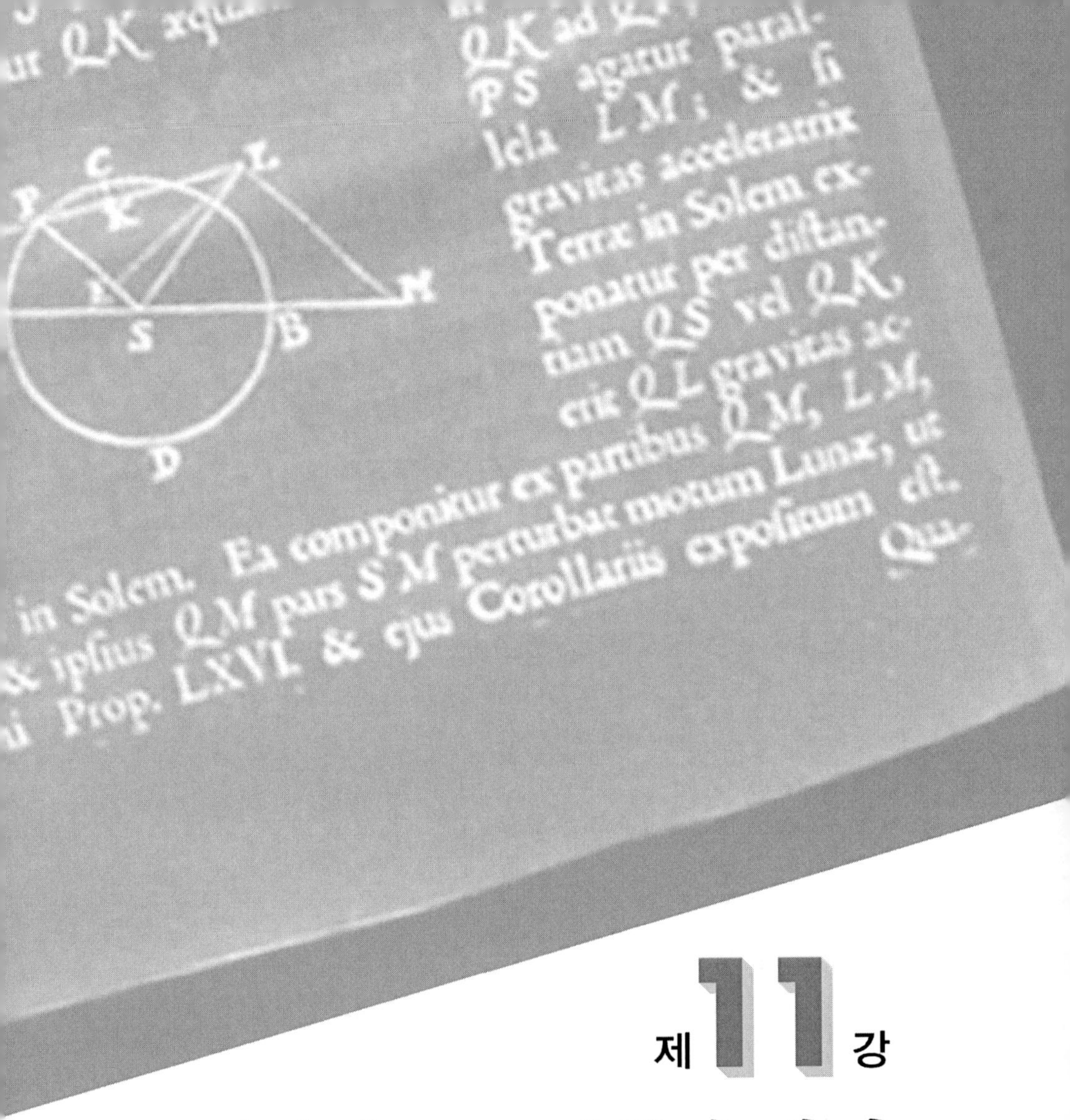

제 11 강

에너지 보존법칙의 발견

뉴턴은 현재의 에너지 보존 법칙을 이용해 증명할 수 있는 다음과 같은 정리를 알아냈다.

[제목]

아래 그림처럼 지구 중심으로 거리가 CV인 점 V에서 하나의 물체는 V에서 D를 거쳐 지표면위의 한 점 B로 낙하하고 또 다른 물체는 V에서 I를 거쳐 지표면위의 점 A로 포물선을 그리며 낙하한다고 하자. 두 물체의 질량은 같다고 하자. 이때

$$\mathrm{CI} = \mathrm{CD}$$

라고 하고 I에서 물체의 속도 v_I와 D에서 물체의 속도 v_D가 같다고 하면 두 물체가 각각 D, I에서 아주 짧은 시간 동안 낙하했을 때 두 물체의 속도 변화 역시 같다.

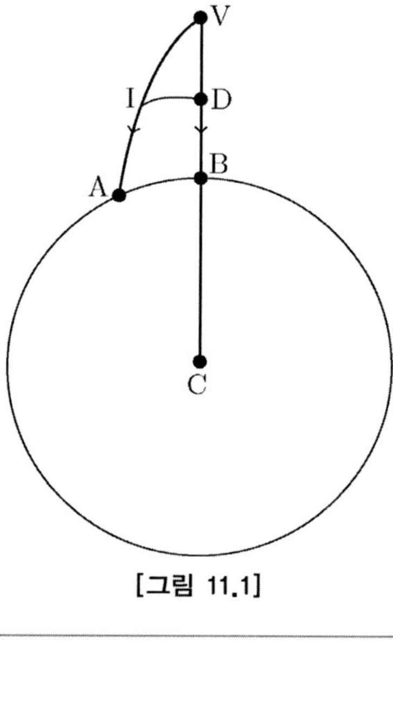

[그림 11.1]

다음 그림을 보자.

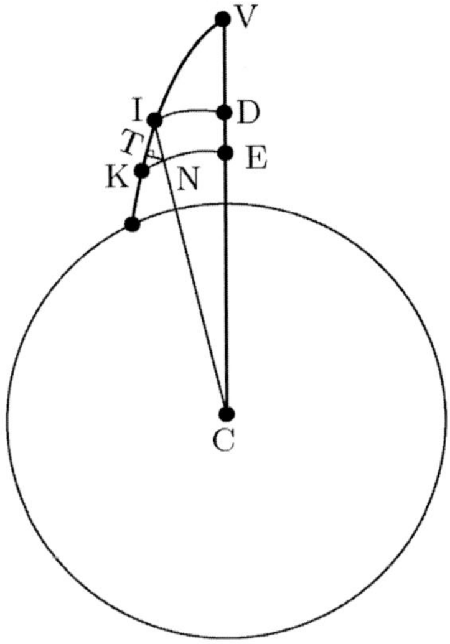

[그림 11.2]

위 그림처럼 아주 짧은 시간 경과 후 I에 있던 물체는 K에 도달하고 D에서 있던 물체는 E에 도달한다고 하자. 아주 짧은 시간을 t라고 하자. 먼저 물체가 D에서 E로 움직이는 경우를 보자. 이때 D점에서 물체의 가속도를 a_D라고 하면

$$v_E - v_D = a_D \times t$$

가 되고,

$$\mathrm{DE} = v_D \times t$$

이므로

$$v_E - v_D = a_D \times \frac{\mathrm{DE}}{v_D}$$

가 된다. 이번에는 I에서 K로 시간 t동안 움직이는 경우를 보자. 이 경우 $v_K - v_I$는 I에서 가속도에 시간 t를 곱한 값이 아니다. 왜냐하

면 I에서의 가속도는 지구의 중심방향을 향하기 때문이다. 그러므로 I에서의 가속도의 IK 방향 성분만이 $v_K - v_I$를 결정할 것이다. 즉,

$$v_K - v_I = (\text{I에서의 가속도의 IK 방향 성분}) \times t$$

이다. I에서의 가속도를 a_I라고 하면

$$(\text{I에서의 가속도의 IK 방향 성분}) = a_I \times \cos(\angle \mathrm{NIT})$$

가 된다.

$$\cos(\angle \mathrm{NIT}) = \frac{\mathrm{IT}}{\mathrm{IN}}$$

이므로

$$(\text{I에서의 가속도의 IK 방향 성분}) = a_I \times \frac{\mathrm{IT}}{\mathrm{IN}}$$

이 된다. 따라서

$$v_K - v_I = a_I \times \frac{\mathrm{IT}}{\mathrm{IN}} \times t$$

가 된다.

이제 다음 그림을 보라.

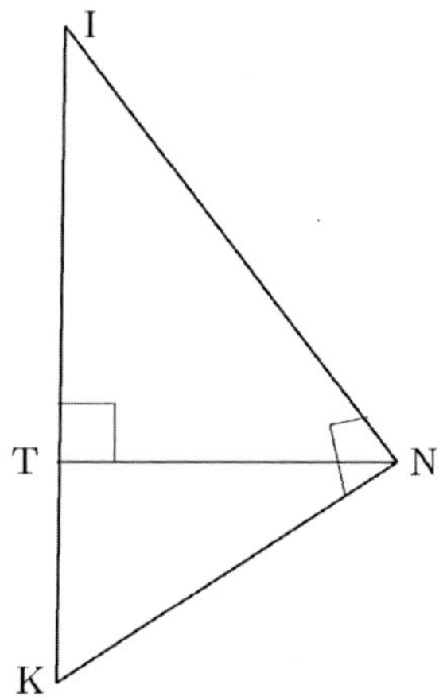

[그림 11.3]

아주 짧은 시간 동안을 낙하했으므로 K는 N에 거의 가까워지고 CN과 CE는 같으므로 선분 KN은 지구의 중심을 중심으로 갖고 반지름이 CE인 원의 접선이 된다. 따라서

$$\angle \mathrm{KNI} = 90°$$

가 되어 삼각형 KNI는 직각삼각형이다. 두 삼각형 INT와 IKN은 닮음이므로

$$\mathrm{IN} : \mathrm{IK} = \mathrm{IT} : \mathrm{IN}$$

이 되어

$$\mathrm{IN}^2 = \mathrm{IT} \cdot \mathrm{IK}$$

가 된다. 따라서

$$v_K - v_I = a_I \times \frac{\mathrm{IN}}{\mathrm{IK}} \times t$$

이 성립하고

$$\mathrm{IK} = v_I \times t$$

이므로

$$v_K - v_I = a_I \times \frac{\mathrm{IN}}{v_I} \times t$$

이 된다. 가정에 의해

$$v_I = v_D$$

이고,

$$\mathrm{IN} = \mathrm{DE}$$

이므로

$$v_E - v_D = v_K - v_I$$

가 되어, 아주 짧은 시간 두 점 D, E에서의 속도변화는 같아진다.

뉴턴의 이 정리는 현대적인 용어로 얘기하면 지구 중심으로부터 같은 거리에 있는 물체는 그 물체가 어떤 운동을 하고 있던 운동에너지가 같다는 것을 의미한다. 물론 뉴턴은 운동에너지의 개념을 알고 있지 않았음에도 불구하고 이러한 정리를 찾아낸 것이다. 이 정리가 왜 운동에너지와 관계되는 지를 살펴보자.

지구 중심으로부터 같은 거리에 있는 두 점 D, I에 대해

$$\text{I점에서의 속도변화} = \text{D점에서의 속도변화}$$

이 성립한다. 위 식을 시간으로 나누고 시간을 아주 짧게 취하면

$$\left(\frac{dv}{dt}\right)_I = \left(\frac{dv}{dt}\right)_D$$

가 된다. 두 점에서 속도가 같으므로

$$v_I \times \left(\frac{dv}{dt}\right)_I = v_D \times \left(\frac{dv}{dt}\right)_D$$

이 되고 이것은

$$\left(v\frac{dv}{dt}\right)_I = \left(v\frac{dv}{dt}\right)_D$$

을 의미한다. 이 식은

$$\left(\frac{d}{dt}\left(\frac{1}{2}v^2\right)\right)_I = \left(\frac{d}{dt}\left(\frac{1}{2}v^2\right)\right)_D$$

가 된다. 양변을 적분하고 두 물체의 질량을 똑같이 m이라고 하면

$$\left(\frac{1}{2}mv^2\right)_I = \left(\frac{1}{2}mv^2\right)_D$$

가 되어, 지구 중심으로부터 같은 거리에 있는 질량이 같은 두 물체의 운동에너지는 같다는 것을 알 수 있다.

에너지라는 말은 그리스 어 에너지아(energeia)에서 유래되었다. 이 단어는 고대 그리스의 아리스토텔레스가 물체의 운동을 다루는 과정에서 처음 도입했지만 지금의 에너지의 정의와는 다르다. 그 후 라이프니츠는 물체의 질량과 속력의 제곱의 곱을 살아있는 힘이라고 정의했는데 라이프니츠의 정의에 $\frac{1}{2}$을 곱하면 운동에너지가 된다. 라이프니츠는 살아있는 힘이 운동 중에 보존된다고 주장했는데 이것이 최초의 에너지 보존법칙이다.

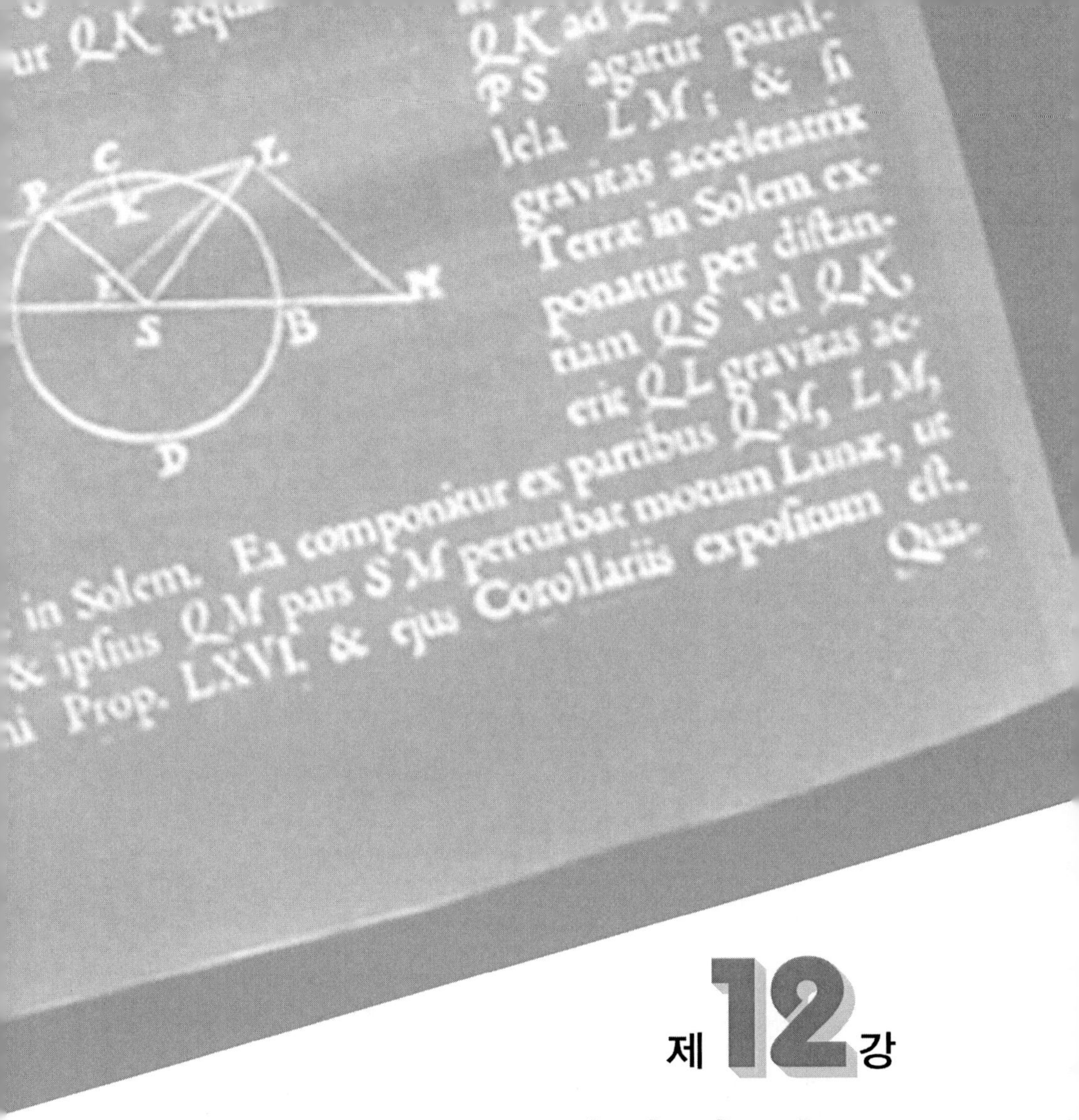

ur QK æqua
QK ad
PS agatur paral-
lela LM; & si
gravitas acceleratrix
Terræ in Solem ex-
ponatur per distan-
tiam QS vel QK,
erit QL gravitas ac-
in Solem. Ea componitur ex partibus QM, LM,
& ipsius QM pars SM perturbat motum Lunæ, ut
Prop. LXVI. & ejus Corollariis expositum est.
Qua

제 12 강

진자의 운동

진자 운동에 대한 최초의 연구는 지동설로 유명한 갈릴레이에 의해 이루어졌다. 갈릴레이는 1581년 피사대학에서 의사 공부를 하고 있었다. 1583년 갈릴레이는 이탈리아 피사의 어느 성당에서 뒷줄에 앉아 신부님의 설교를 듣고 있었다. 설교내용이 따분하여 잠이 들락 말락 했는데 갑자기 성당 안으로 돌풍이 불더니 천장에서 내려온 긴 줄에 매달린 램프가 흔들리기 시작했다.

[그림 12.1] 피사 성당

갈릴레이는 갑자기 램프를 쳐다보고는 램프가 흔들거리다가 자기 자리로 오는 데 걸리는 시간을 맥박수를 헤아려 보았더니 항상 같은 시간이 걸린다는 것을 알아냈다. 갈릴레이는 진자가 한 번 왕복하는 데 걸리는 시간이 항상 일정하다는 생각을 가지게 되었고 집으로 돌아와 천장에 줄을 매달아 추를 매달아 실험했다. 그는 이것을 진자의 등시성이라고 불렀다.

갈릴레이는 줄을 더 길게 만들어 보았다. 이때 한 번 왕복하는 데 시간이 더 걸렸다. 또, 줄의 길이는 그대로 두고 추를 더 무거운 것으로 바꾸어 보았다. 이때는 가벼운 추를 매달았을 때와 같은 시간이 걸렸다. 그리고는 다음과 같은 사실을 알아냈다.

진자가 한 번 왕복하는 데 걸리는 시간(주기)은 줄의 길이가 길수록 길어지지만 추의 질량과는 관계가 없다.

진자문제를 뉴턴은 독특한 방법으로 증명했다.

> **[정리 12-1]**
> 진자의 운동에서 진자가 한 번 왕복하는 데 걸리는 시간을 주기라고 하면 주기는 줄의 길이의 제곱근에 비례한다.

다음 그림을 보자.

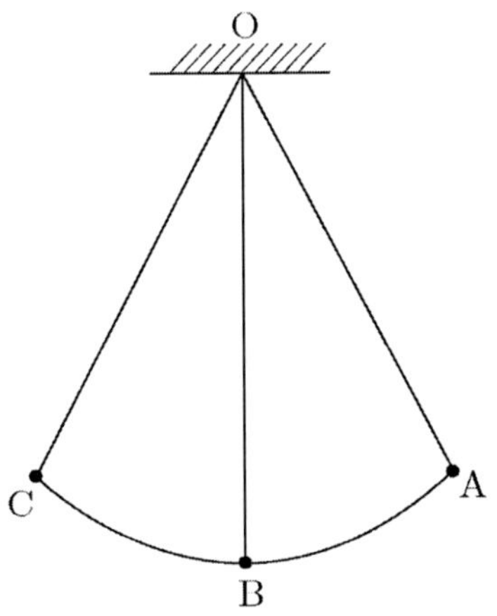

[그림 12.2]

위 그림에서처럼 줄의 길이가 OA인 진자가 있다고 하자. 추의 질량을 m이라고 하면 진자는 A에서 B를 거쳐 C로 갔다가 다시 B를 거쳐 A로 되돌아온다. 만일 공기의 저항이 없다면 진자는 이 운동을 반복할 것이다. 실제로는 공기의 저항 때문에 진폭이 점점 줄어들어 나중에는 멈추게 된다.

진자운동은 원운동의 일부분이다. 줄의 길이가 달라지지 않으므로 위 그림에서 점 A, 점 B, 점 C는 모두 반지름이 OA인 원위의 점이다.

뉴턴은 이 문제를 다음과 같이 풀었다. 점 A에 있던 추가 점 B로 내려오는 경우를 보자.

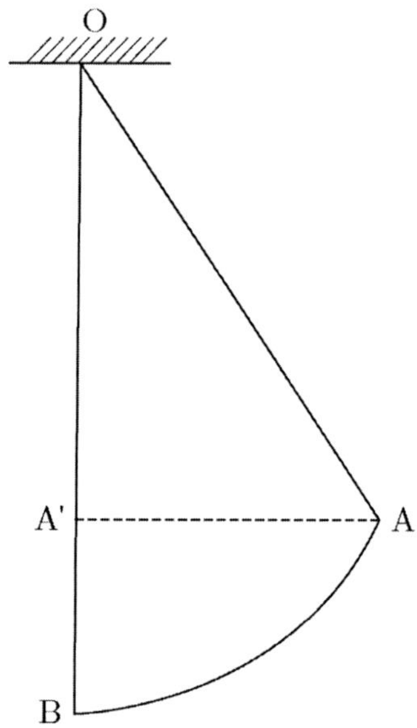

[그림 12.3]

이때 OB에 생긴 점 A의 그림자[5]를 A′이라고 하면 A에서 B로 추가 내려오는 동안 그림자는 A′에서 B로 낙하하게 된다. 그러므로 진자의 운동을 낙하운동과 관련지을 수 있다는 것이 뉴턴의 생각이다. 즉 A에서 B로 추가 이동하는 데 걸리는 시간은 A′에 있는 그림자가 B로 이동하는 데 걸리는 시간과 같다. 그림자는 낙하운동

5) AA′에 나란하게 A의 오른쪽에서 빛을 비추고 OB를 스크린이라고 하면 A의 그림자는 A′이 된다.

을 하므로 거리가 시간의 제곱에 비례하므로 A′B는 시간의 제곱에 비례한다고 생각했다.

뉴턴은 다음과 같은 진자를 생각했다.

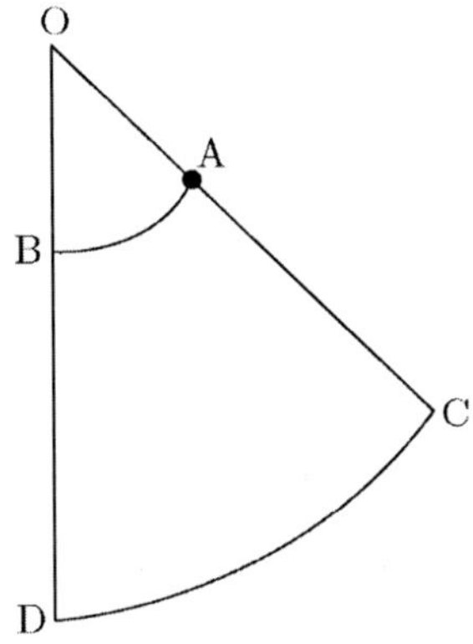

[그림 12.4]

점 A는 점 B로 이동하는 진자운동을 하고 점 C는 점 D로 이동하는 진자운동을 한다. 즉 점 A는 줄의 길이가 OA인 진자운동을 하고 점 C는 줄의 길이가 OC인 진자운동을 한다.

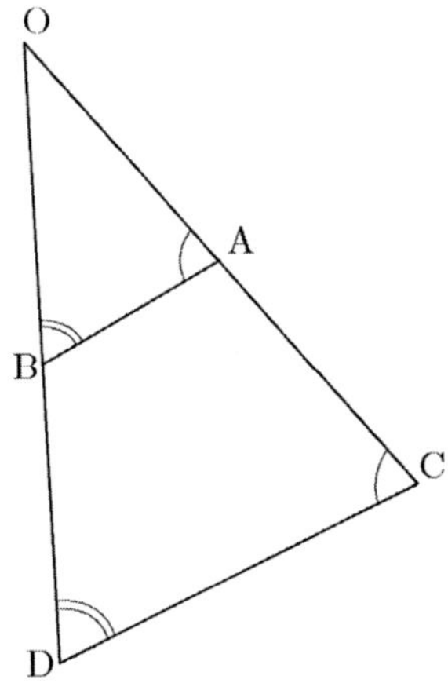

[그림 12.5]

만일 $\angle$BOA가 작다면 A에서 B로 움직이는 경로 (호부분)는 직선으로 간주할 수 있고 마찬가지로 C에서 D로 움직이는 경로도 직선으로 간주할 수 있다.

위 그림에서 AB와 CD는 평행이므로 동위각이 같다는 성질로부터

$$\angle \mathrm{OAB} = \angle \mathrm{OCD}$$

이고

$$\angle \mathrm{OBA} = \angle \mathrm{ODC}$$

가 된다. 그러므로 두 삼각형 OBA와 ODC는 두 각이 같으므로 닮음이다. 따라서 대응변의 길이의 비가 같으므로

$$\mathrm{OA} : \mathrm{OC} = \mathrm{AB} : \mathrm{CD}$$

가 된다. 이것을 다시 쓰면

$$\frac{\mathrm{OA}}{\mathrm{OC}} = \frac{\mathrm{AB}}{\mathrm{CD}}$$

이 된다. 이번에는 다음 그림을 보자.

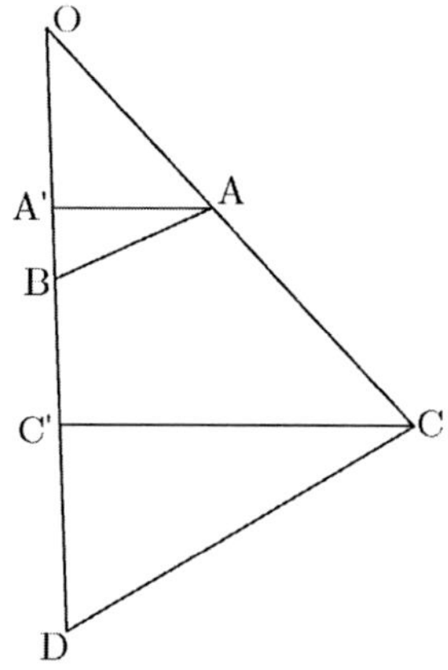

[그림 12.6]

위 그림에서 A′은 A의 그림자이고, C′은 C의 그림자이다. 그림에서 삼각형 A′AB와 C′CD는 닮음이므로

$$\mathrm{AB : A'B = CD : C'D}$$

가 되어,

$$\frac{\mathrm{OA}}{\mathrm{OC}} = \frac{\mathrm{AB}}{\mathrm{CD}} = \frac{\mathrm{A'B}}{\mathrm{C'D}}$$

가 된다. A′B는 추가 A에서 B로 내려오는 데 걸리는 시간의 제곱에 비례한다. 이 시간을 t_{AB}라고 하자. 마찬가지로 C′D는 추가 C에서 D로 내려오는 데 걸리는 시간의 제곱에 비례한다. 이 시간을 t_{CD}라고 하자. 따라서

$$\frac{\mathrm{OA}}{\mathrm{OC}} = \frac{t_{AB}^2}{t_{CD}^2}$$

이 된다. 따라서 줄의 길이와 시간의 제곱은 비례한다. 이 논의는 추가 제자리로 다시 돌아올 때 까지를 다루어도 성립하고 그 때 걸리는 시간은 주기이므로 줄의 길이가 주기의 제곱에 비례한다는 것을 보여준다.

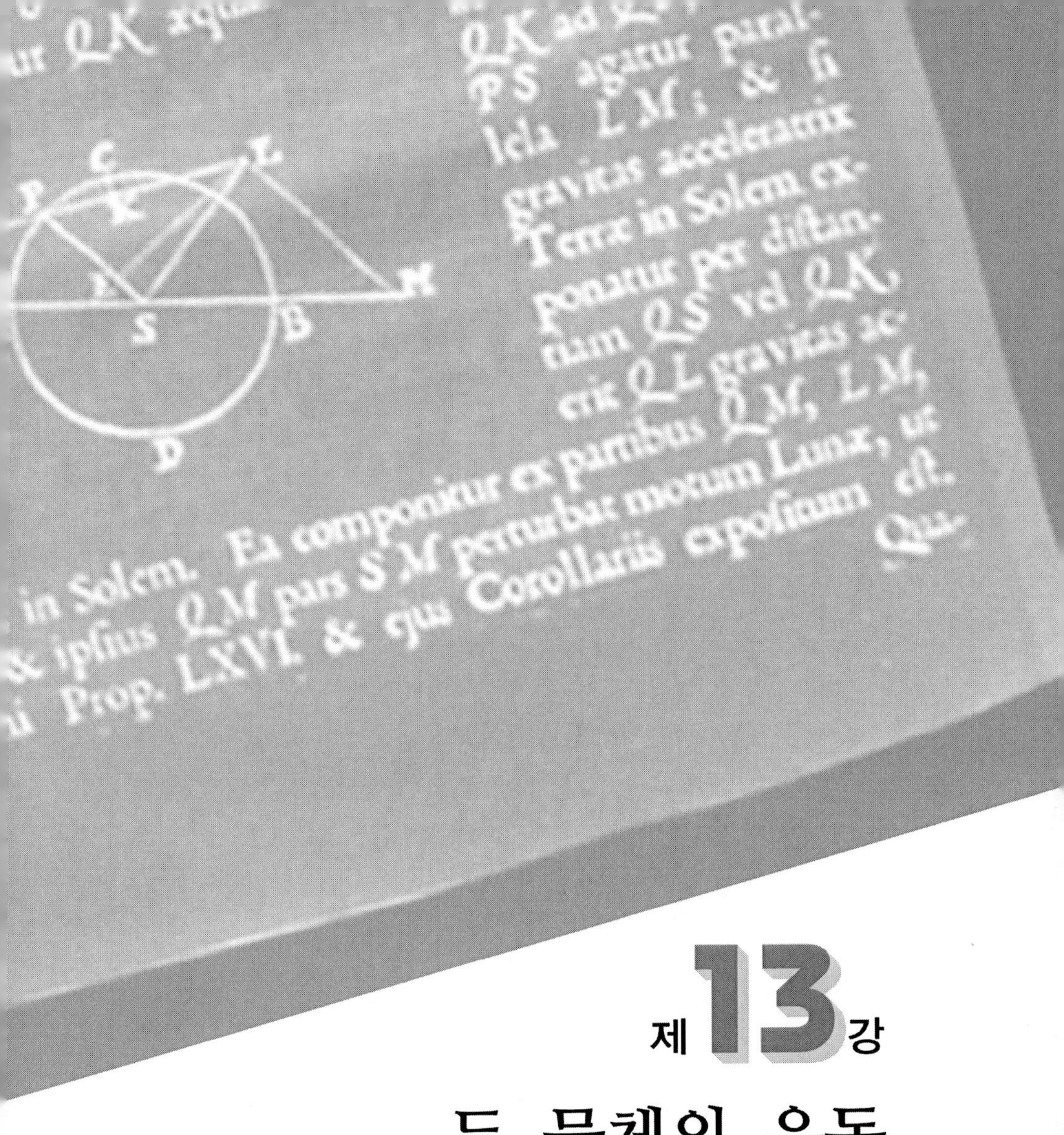

제 13 강

두 물체의 운동

하나의 물체의 운동에 대한 논의를 마친 뉴턴은 이제 두 개의 물체가 서로 서로에게 중력을 작용하는 문제에 도전했다. 작용과 반작용의 원리에 따라 중력은 두 물체 사이의 상호작용이므로 태양이 행성에 중력을 작용한다면 반대로 행성도 태양에 중력을 행사한다. 뉴턴은 자신의 운동방정식과 중력의 법칙을 정확한 형태로 쓸 수 있었다.

[정리 13-1]
두 물체가 서로에게 작용하는 중력(만유인력)은 두 물체의 질량의 곱에 비례하고 두 물체 사이의 거리에 비례한다.

중력(만유인력)이란 질량을 가진 두 물체 사이의 힘이다. 뉴턴은 행성이 태양주위를 타원궤도를 그리며 돌 때 행성이 받는 중력은 태양과 행성 사이의 거리의 제곱에 반비례한다는 것을 알아냈다.

$$(\text{행성이 받는 중력}) \propto \frac{1}{(\text{거리})^2}$$

그런데 힘은 질량과 가속도의 곱이므로

$$(\text{행성이 받는 중력}) \propto (\text{행성의 질량})$$

이 된다. 태양이 행성에 중력을 행사한다면 작용 반작용의 원리에 따라 행성도 태양에 중력을 행사한다. 이때 두 힘의 크기는 같다는 것이 작용과 반작용의 원리이다. 즉,

$$(\text{행성이 받는 중력})=(\text{태양이 받는 중력})$$

이다. 그런데 태양이 받는 중력은 태양의 질량에 비례하므로

$$(\text{행성이 받는 중력})=(\text{태양이 받는 중력}) \propto (\text{태양의 질량})$$

이 된다. 즉, 행성이 받는 중력은 행성의 질량에 비례할 뿐만 아니라 태양의 질량에도 비례한다. 그러므로

$$(\text{행성이 받는 중력}) \propto \frac{(\text{행성의질량})\times(\text{태양의질량})}{\text{거리}^2}$$

이 된다. 이것이 뉴턴의 유명한 중력(만유인력) 공식이다.

뉴턴이 최종적으로 알아낸 중력의 법칙은 두 물체의 질량을 각각 m_1, m_2라고 하고 두 물체 사이의 거리를 r이라고 하면 두 물체 사이의 중력(만유인력) F는

$$F = G\frac{m_1 m_2}{r^2} \tag{13-1}$$

가 된다는 것이다. 여기서 $G = 6.67\times10^{-11}\,(\mathrm{N}\cdot\mathrm{m}^2/\mathrm{kg}^2)$으로 주어지는 상수이며 뉴턴 상수 또는 중력상수라고 부른다. 물체가 바닥으로 떨어지는 것, 지구가 태양주위를 도는 것, 달이 지구 주위를 도는 것들은 모두 만유인력 때문이다.

뉴턴은 사과가 땅에 떨어지는 것을 보고 문득 사과와 지구 사이에 서로 잡아당기는 힘이 있어서 사과가 땅으로 떨어지는 것이 아닐까, 라고 생각했다고 사람들은 믿고 있다. 하지만 이 일화가 과연 사실인지에 대해서는 알려져 있지 않다.

힘이란 두 물체 사이의 상호 작용인 데 힘에는 두 물체가 접촉하여 작용하는 힘이 있고 지구와 태양처럼 서로 접촉하지 않아도 작용하는 힘이 있다. 만유인력은 두 물체가 접촉하지 않아도 작용하는 힘이다.

여기서 의문이 생긴다. 사람도 질량을 가지고 있으니까 사람들 사이에도 만유인력이 생기고 그러면 서로 당겨져야 하는 게 아닌가? 뉴턴 상수를 가만히 쳐다보면 답이 나온다. 그러니까 G가 너무 작은 값이라서 그런 것이다.

예를 들어 질량이 65kg인 아빠와 질량이 36kg인 아들이 있다고 하자. 이때 두 사람이 1m 떨어져 있다고 할 때 두 사람사이에 작용하는 만유인력은 0.00000015678N이다. 이렇게 작은 힘은 사람과 바닥사이의 마찰력을 이길 수 없는 힘이다. 그래서 사람들끼리 서로 당겨가지 않는 것이다.

이번에는 태양과 지구사이의 만유인력을 구해 보자. 필요한 데이터는 다음과 같다.

지구의 질량=5980000000000000000000000kg

태양의 질량=1990000000000000000000000000000kg

지구와 태양사이의 거리=150000000000m

이 값들을 공식에 넣으면 태양과 지구 사이의 만유인력은

35436151111111111111111 N

이 된다. 이렇게 큰 힘 때문에 지구가 태양으로부터 도망치지 못하고 태양 주위를 빙글빙글 돌게 된다.

물체가 떨어지는 이유는 지구가 물체를 잡아당기는 중력 때문이다. 즉 지구와 물체사이의 만유인력 때문이다. 1m 높이에 있던 물체를 바닥에 떨어뜨리면 물체의 높이가 달라진다. 그러니까 지구중심과 물체와의 거리도 달라진다. 그렇다면 두 지점의 만유인력이 다르다. 하지만 우리는 대부분의 문제에서 지표상에서 물체가 받는 중력이 일정하다고 가정한다. 그 이유는 무엇일까?

질량이 m인 물체가 1m 높이에서 땅으로 떨어지는 경우를 보자. 지구의 질량을 M, 지구의 반지름을 R이라고 하자.

지표로부터 높이 x에 있을 때 물체가 받는 만유인력은

$$G\frac{Mm}{(R+x)^2}$$

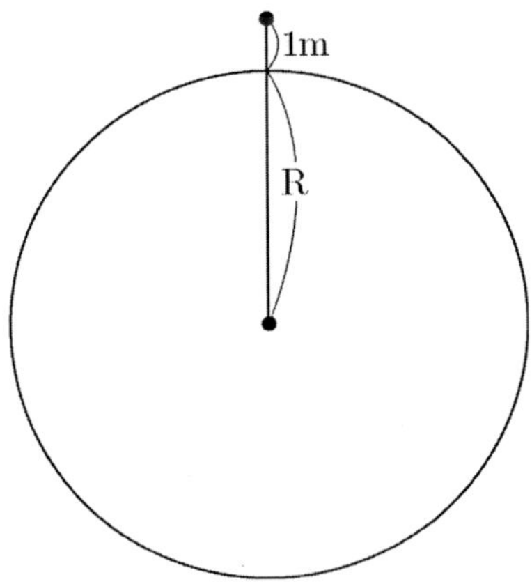

[그림 13.1]

이다. 이때 x는 0[m]부터 1[m] 사이의 값이 된다. 그런데 지구의 반지름 6470000m에 비하면 x는 너무 작은 값이다. 그러니까 다음과 같이 근사할 수 있다.

$$R+x \approx R$$

이 근사를 $G\frac{Mm}{(R+x)^2}$에 넣으면 물체가 받는 만유인력은

$$G\frac{Mm}{R^2}$$

이 된다. 그런데 G, M, R은 모두 일정한 값이므로 이 값을 넣어서 계산해 보면

$$\frac{GM}{R^2} = 9.8\mathrm{m/s}^2$$

이 된다. 이것은 물론 가속도이다. 이것이 지구의 중력에 의한 가속도이기 때문에 이 가속도를 중력가속도라고 하고 이것을 보통 g로 나타낸다. 그러니까 지구표면 근처에서 질량 m인 물체가 올라가고

내려가고 하는 문제의 경우 물체가 받는 중력은 mg로 일정하게 놓을 수 있다.

따라서 지표상에서 낙하하는 물체는 일정한 가속도를 가지므로 등가속도 운동을 한다. 하지만 지표로부터 수백 km 성공에서 움직이는 위성 문제의 경우에는 이런 근사를 쓸 수 없다.

중력 공식을 보면 두 물체 사이의 거리가 작을수록 중력은 커진다. 그렇다면 두 물체사이의 거리가 0이 되면 물체들 사이의 중력이 무한대가 된다는 말이다. 과연 그런 일이 가능할까?

예를 들어 사과가 지표에 놓여 있다고 해보자. 사과와 지구는 서로 맞대고 있다. 그렇다면 두 물체사이의 거리가 0인가? 그렇지 않다. 모양을 가진 물체와 물체 사이의 거리는 두 물체의 무게중심과 무게중심과의 거리이다. 따라서 사과와 지구 사이의 중력은 무한대가 되지 않고 일정한 값을 갖는다.

우리는 지구위에서 살고 있고 그 위에서 지구의 중력으로 떨어지는 물체들을 본다. 지구가 아닌 다른 행성에서는 어떨까? 물론 지구에서와는 다른 현상들이 목격될 것이다. 그것은 다른 행성에서의 중력이 지구에서의 중력과 다르기 때문이다.

우리는 지구 표면 근처에서 중력가속도가 $g=9.8\mathrm{m/s^2}$이라고 배웠다. 그럼 달 표면 근처에서 중력가속도는 어떻게 될까? 반지름이 R이고 질량이 M인 행성의 표면에서의 중력가속도는 $\dfrac{GM}{R^2}$이다. 여기에 달의 반지름과 달의 질량을 넣어보면 달에서의 중력가속도의 크기는 지구에서의 중력가속도의 크기의 $\dfrac{1}{6}$이 된다. 따라서 1kg의 물체를 달이 잡아당기는 만유인력은 같은 물체를 지구가 잡아당기는 힘의 $\dfrac{1}{6}$이 된다.

지구에서서 물체가 받는 중력은 물체의 무게중심과 지구의 중심을 연결한 직선에서 지구의 중심으로 향하는 방향이다. 이것이 바로 지구와 같은 공 모양의 물체에서 거꾸로 서 있는 사람이 안 떨어지는 이유이다.

일반적인 두 물체 사이의 운동을 논의하기 위해 뉴턴은 질량중심의 개념을 이용했다. 다음 그림을 보자.

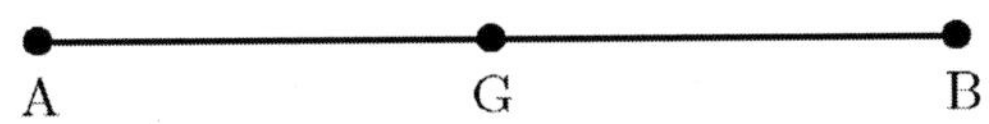

[그림 13.2]

위 그림처럼 선분 AB의 양 끝에 질량이 같은 두 물체가 놓여 있다고 할 때 질량 중심은 선분 AB의 중점이 된다. 앞으로 질량중심은 G로 나타낼 것이다. 그렇다면 A와 B에 서로 다른 질량이 놓여 있을 때 질량 중심은 어떻게 되겠는가? 예를 들어 A에 질량이 m_A인 물체가 있고 B에 질량이 m_B인 물체가 있다고 하자.

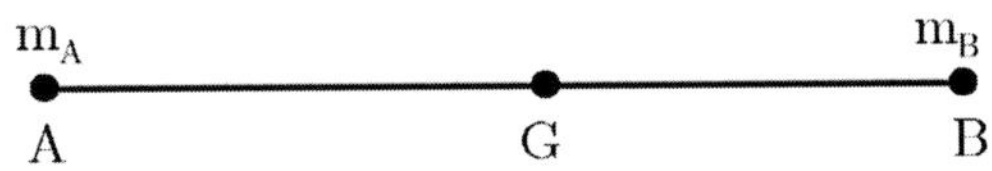

[그림 13.3]

이 경우 질량 중심은 다음과 같이 정의된다.

$$m_A \times \mathrm{AG} = m_B \times \mathrm{GB} \qquad (13\text{-}2)$$

이 식에서 두 질량이 같아지면 $\mathrm{AG} = \mathrm{GB}$가 되어 질량중심이 중점이 됨을 알 수 있다. m_A가 m_B의 2배이면 어떻게 될까? 그 경우 $m_A = 2m_B$이므로

$$2\mathrm{AG} = \mathrm{GB}$$

이 되고, 이것을 비례식으로 쓰면

$$AG : GB = 1 : 2$$

가 되어 질량중심은 선분 AB를 1 : 2로 내분하는 점이 된다.

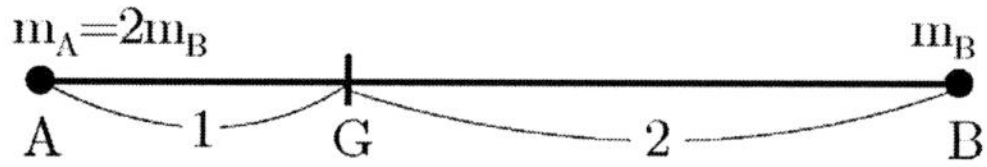

[그림 13.4]

이렇게 질량중심은 무거운 물체 쪽에 가까운 지점이 된다.

식 (13-2)는 어디서 많이 본 식이다. 바로 아르키메데스가 발견한 지렛대의 원리와 같은 식이다. 뉴턴은 제 1강에서 질량이 무게에 비례한다는 것을 보였다. 그러므로 다음 그림과 같은 지렛대를 생각하자.

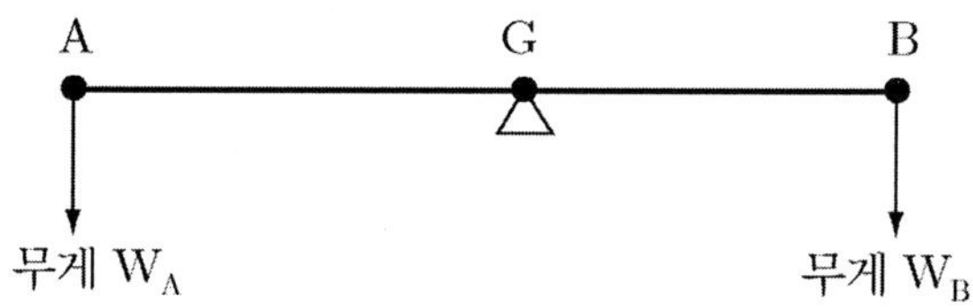

[그림 13.5]

아르키메데스는 두 개의 물체를 지렛대 위에 올려놓았을 때 수평을 이루면 무게와 받침점까지의 거리의 곱은 같다고 하는 지렛대의 원리를 알아냈다. 이 경우

$$W_A \times \mathrm{AG} = W_B \times \mathrm{GB} \qquad (13\text{-}3)$$

가 된다. 그런데 무게는 질량에 비례하므로 (13-3)은 (13-2)와 일치한다. 질량중심은 좌표를 도입하면 좀 더 쉽게 이해할 수 있다. 다음

그림과 같이 두 물체의 위치를 나타내는 좌표를 x_1, x_2라고 하고 질량중심의 위치를 나타내는 좌표를 X라고 하자.

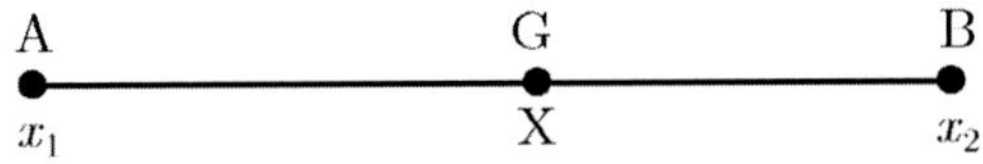

[그림 13.6]

이때 식 (13-2)로부터

$$m_A(X - x_1) = m_B(x_2 - X)$$

가 된다. 이 식에서 X를 구하면

$$X = \frac{m_A x_1 + m_B x_2}{m_A + m_B} \tag{13-4}$$

가 된다. 이 식에서 두 물체의 질량이 같아지는 경우

$$X = \frac{x_1 + x_2}{2}$$

가 되어 질량중심이 중점이 됨을 알 수 있다. m_A가 m_B의 2배이면 어떻게 될까? 이 경우

$$m_A = 2m_B$$

가 되는데 이 관계를 (13-4)에 넣으면

$$X = \frac{2x_1 + x_2}{3}$$

이 된다. 이것은 바로 선분 AB를 $1:2$로 내분하는 점의 좌표이다.

[정리 13-2]
질량이 m_A, m_B인 두 물체가 선분 AB의 양 끝점에 놓여 있다. 만일 m_A가 m_B보다 크면 질량 중심은 A에 가까운 쪽에 위치한다.

증명은 간단하다. 식 (13-4)에서 질량중심의 좌표는

$$X = \frac{m_A x_1 + m_B x_2}{m_A + m_B}$$

이고 중점의 좌표는

$$\frac{x_1 + x_2}{2}$$

이다.

$$\frac{x_1 + x_2}{2} - X = \frac{x_1 + x_2}{2} - \frac{m_A x_1 + m_B x_2}{m_A + m_B}$$
$$= \frac{(m_A - m_B)(x_2 - x_1)}{2(m_A + m_B)}$$

가 된다. $m_A > m_B$이고 $x_2 > x_1$이므로

$$\frac{x_1 + x_2}{2} - X > 0$$

가 되어

$$\frac{x_1 + x_2}{2} > X$$

가 된다. 즉, 중점이 질량중심보다 오른쪽에 있으므로 질량중심은 무거운 물체에 가까운 쪽에 놓이게 된다.

> **[정리 13-3]**
> 두 개의 물체 중에서 하나의 물체의 질량이 압도적으로 크면 질량중심은 무거운 물체가 있는 위치로 생각할 수 있다.

질량중심의 공식

$$X = \frac{m_A x_1 + m_B x_2}{m_A + m_B}$$

를 보자. 만일 m_A가 m_B에 대해 압도적으로 크다면 이 식의 분자에서 $m_A x_1$이 $m_B x_2$에 비해 압도적으로 크고 분모에서 m_A가 m_B에 비해 압도적으로 크므로

$$X \approx \frac{m_A x_1}{m_A} = x_1$$

이 되어, 질량중심의 위치는 무거운 물체의 위치가 된다. 예를 들어 태양 주위를 지구가 공전하는 경우 지구의 질량에 비해 태양의 질량이 압도적으로 크므로 태양과 지구에 대한 질량중심은 태양이 있는 위치로 생각할 수 있다.

질량중심의 공식

$$X = \frac{m_A x_1 + m_B x_2}{m_A + m_B}$$

은 질량중심의 위치를 나타내는 식이다. 이 식을 시간 t에 대해 미분하고

$$\frac{dX}{dt} = V, \quad \frac{dx_1}{dt} = v_1, \quad \frac{dx_2}{dt} = v_2$$

라고 하자. 그러면

$$V = \frac{m_A v_1 + m_B v_2}{m_A + m_B} \tag{13-5}$$

가 되는 데 이것을 질량중심의 속도라고 부른다. 즉, 두 물체의 속도 v_1, v_2와 두 물체의 질량 m_1, m_2가 주어지면 두 물체의 질량중심의 속도가 결정된다.

질량중심에 대한 고찰을 통해 뉴턴은 서로에게 중력을 작용하는 두 물체가 질량 중심 주위를 공전하는 모형에 대해 다음과 같은 정리를 발표했다.

[정리 13-4]
두 물체가 서로에게 중력을 작용해 질량중심 주위를 공전할 때 두 물체의 질량중심은 정지해 있거나 일정한 속도로 움직인다.

두 물체의 질량을 각각 m_A, m_B라고 하고 다음 그림을 보자.

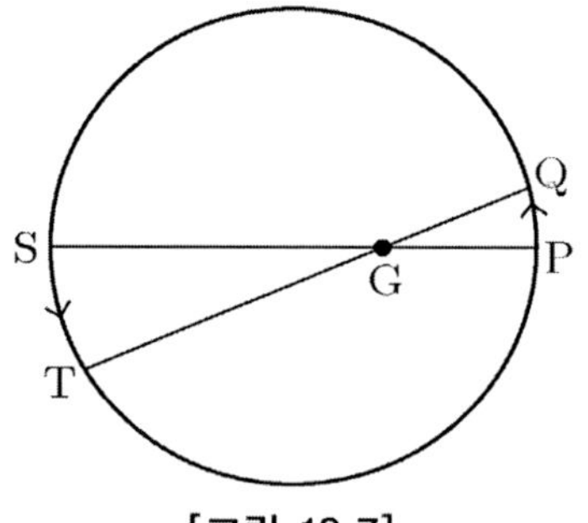

[그림 13.7]

아주 짧은 시간 Δt동안 질량 m_A인 물체는 P에서 Q로 움직였고 질량 m_B인 물체는 S에서 T로 움직였다고 하자. 그림에서 G는 두 물체의 질량중심이다. 두 물체가 서로에게 작용하는 중력은 크기는 같고 방향은 반대인 힘이다. 질량 m_A의 가속도를 a_A, 질량 m_B의 가속도를 a_B라고 하면 운동방정식에 의해

$$m_A a_A = (m_B\text{가 } m_A\text{에 작용한 중력})$$

$$m_B a_B = (m_A\text{가 } m_B\text{에 작용한 중력})$$

이다. 그런데

$$(m_B\text{가 } m_A\text{에 작용한 중력}) + (m_A\text{가 } m_B\text{에 작용한 중력}) = 0$$

가 되므로

$$m_A a_A + m_B a_B = 0 \qquad (13\text{-}6)$$

가 된다. 질량이 m_A, m_B인 물체가 시간 Δt동안 속도변화가 각각 Δv_A, Δv_B라고 하면 가속도의 정의로부터 식 (13-6)은 다음과 같이 쓸 수 있다.

$$m_A \frac{\Delta v_A}{\Delta t} + m_B \frac{\Delta v_B}{\Delta t} = 0$$

가 된다. 이 식의 양변에 Δt를 곱하면

$$m_A \Delta v_A + m_B \Delta v_B = 0$$

가 된다. 이 식을 다시 쓰면

$$\Delta(m_A v_A + m_B v_B) = 0$$

가 된다. 이 식의 양변을 $m_A + m_B$로 나눠주면

$$\Delta\left(\frac{m_A v_A + m_B v_B}{m_A + m_B}\right) = 0 \qquad (13\text{-}7)$$

이 된다. 여기서

$$V = \frac{m_A v_A + m_B v_B}{m_A + m_B}$$

는 질량중심의 속도이므로 식 (13-7)은

$$\Delta V = 0$$

가 된다. 즉 질량중심의 속도는 시간에 따라 달라지지 않으므로 질량중심은 정지해 있거나 일정한 속도 V로 움직인다.

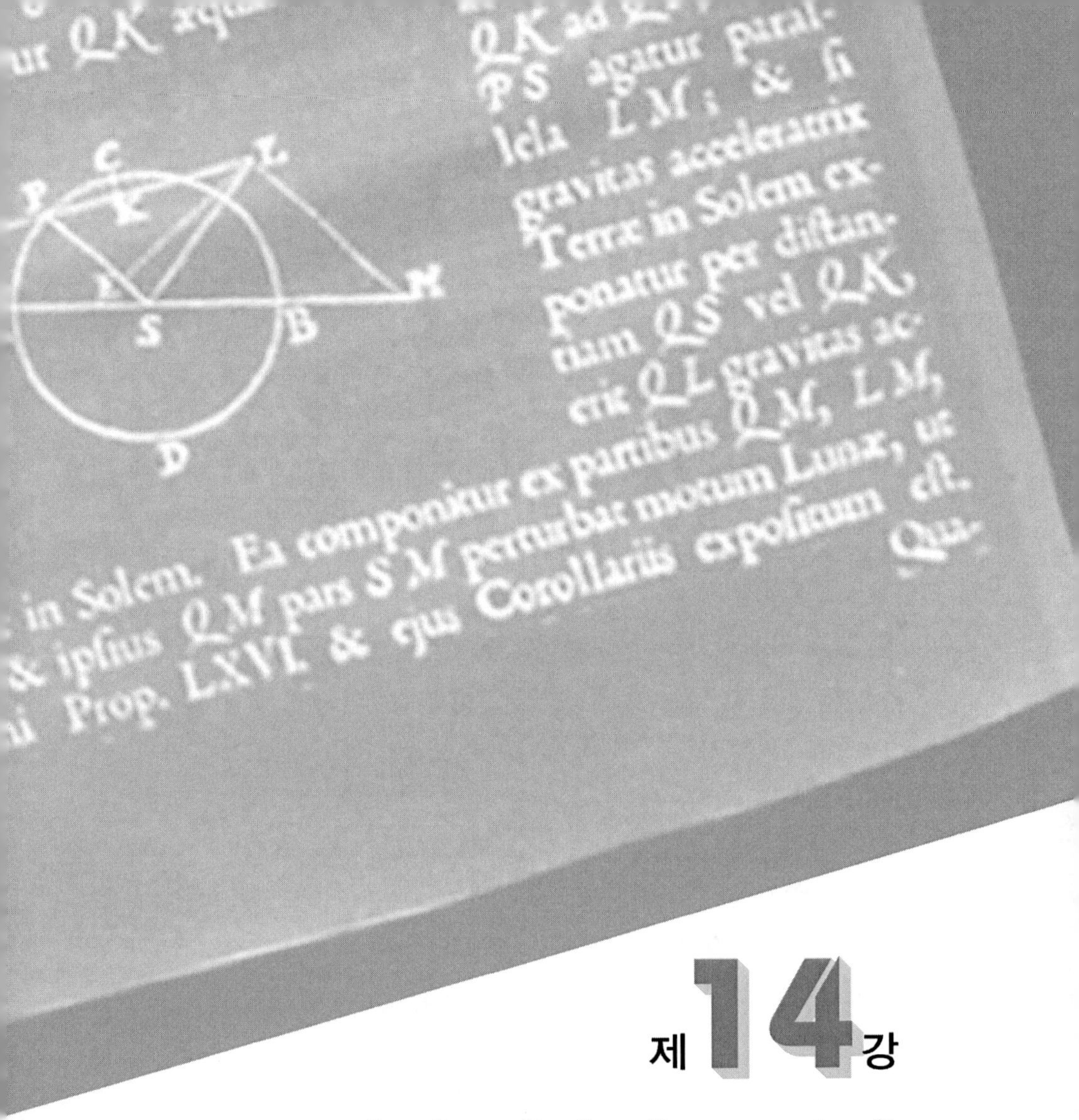

제 14 강

물체에 작용하는 중력

두 물체의 운동을 해결한 뉴턴은 물체가 어떤 모양을 가지고 있을 때의 중력문제를 다루었다. 뉴턴은 우선 공모양의 물체가 만드는 중력에 대해 다룬 후 임의의 모양을 가진 물체가 만드는 중력에 대해서도 논의했다.

[정리 14-1]
두 질점[1]사이의 중력이 두 물체 사이의 거리의 제곱에 반비례할 때 공모양의 물체의 내부에 있는 한 지점이 받는 중력은 0이다.

뉴턴은 여기서 공모양의 물체를 농구공처럼 속이 텅 빈 물체로 생각했다. 이러한 공모양의 물체는 공의 표면에만 질량이 분포한다. 그러므로 공의 표면은 무한히 많은 질점들로 이루어져 있다. 뉴턴은 여기서 미분 넓이의 개념을 도입한다. 미분 넓이란 상상할 수 없을 정도로 아주 작은 넓이를 말한다. 미분 넓이를 모두 더하면 공의 표면적이 된다. 여기서 뉴턴은 0에 가까울 정도로 아주 작은 넓이를 무한히 많이 더하면 유한한 값이 된다는 것을 알고 있었다.

다음 그림을 보자.

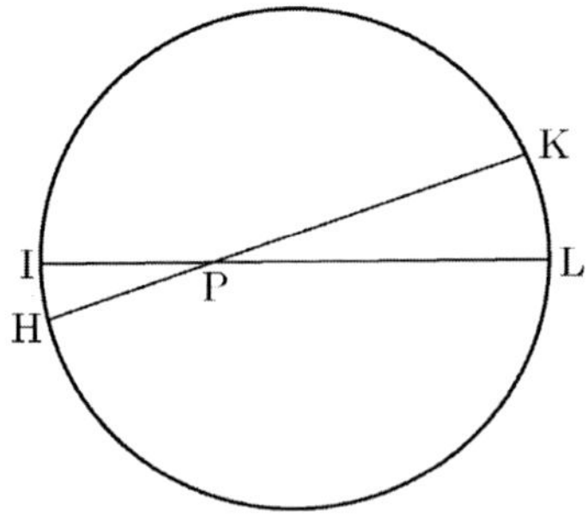

[그림 14.1]

1) 질량을 가진 점이라는 뜻이다.

그림에서 P가 공의 내부에 있는 한 질점이라고 하자. 이때 뉴턴은 선분 IPL과 HPK를 그리고 IH와 KL이 아주 작다고 가정했다. 따라서 질점 P에 작용하는 중력은 IH가 P에 작용한 중력과 KL이 P에 작용한 중력이다. 이때 IH와 KL질점 P를 반대방향으로 잡아당긴다. 그러므로 만일 IH가 질점 P에 작용한 중력과 KL이 질점 P에 작용한 중력의 크기가 같다면 두 중력은 평형을 이루게 된다.

IH가 질점 P에 작용한 중력의 크기를 F_1이라고 하고 KL이 질점 P에 작용한 중력의 크기를 F_2라고 하자. 질점 P의 질량을 m이라고 하면 중력은 두 질점의 질량의 곱에 비례하고 질점 사이의 거리의 제곱에 반비례하므로

$$F_1 \propto \frac{m \times \text{IH부분의 질량}}{\text{PH}^2}$$

이 된다. I와 H가 아주 가깝게 붙어 있으므로

$$\text{PH} \approx \text{PI}$$

이다. 마찬가지로 KL이 질점 P에 작용한 중력의 크기 F_2는

$$F_2 \propto \frac{m \times \text{KL부분의 질량}}{\text{PK}^2}$$

이 된다. K와 L가 아주 가깝게 붙어 있으므로

$$\text{PK} \approx \text{PL}$$

이다. 한편 IH 부분의 질량은 IH 부분의 미분넓이에 비례한다. 위 그림에서 한 변의 길이가 IH인 정사각형의 넓이를 IH 부분의 미분넓이라고 한다면

$$\text{IH 부분의 미분넓이} \propto \text{IH}^2$$

이 된다. 이제 다음 그림을 보자.

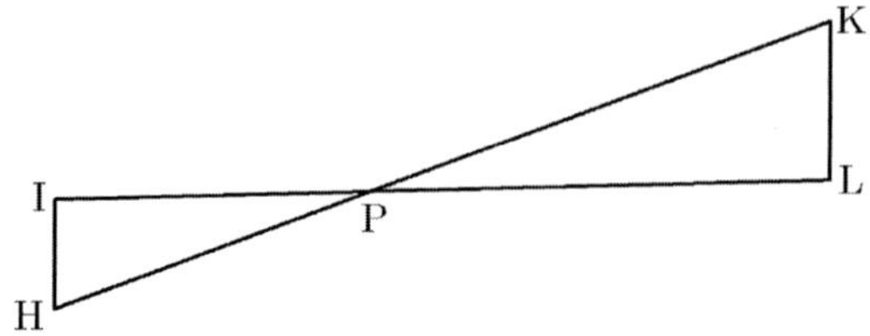

[그림 14.2]

I와 H가 거의 같은 점을 나타내고 K와 L이 거의 같은 점을 나타내므로 호 IH는 거의 선분 IH로 볼 수 있고 마찬가지로 호 KL도 거의 선분 KL로 볼 수 있다. 그리고 IH와 KL은 서로 평행하다고 볼 수 있다. 따라서 맞꼭지각은 서로 같으므로

$$\angle \mathrm{IPH} = \angle \mathrm{KPL}$$

이고, 평행선 IH와 KL에서 엇각은 서로 같으므로

$$\angle \mathrm{PHI} = \angle \mathrm{PKL}$$

이다. 따라서 삼각형 PIH와 삼각형 PLK는 닮음이므로

$$\mathrm{HI} : \mathrm{PH} = \mathrm{KL} : \mathrm{PK}$$

가 성립한다. 비례식에서 $a:b=c:d$이면 $a:c=b:d$이므로 위 비례식은

$$\mathrm{HI} : \mathrm{KL} = \mathrm{PH} : \mathrm{PK}$$

라고 쓸 수 있다. 따라서

$$\mathrm{HI}^2 : \mathrm{KL}^2 = \mathrm{PH}^2 : \mathrm{PK}^2$$

이 되고, 분수로 나타내면

$$\frac{\mathrm{IH}^2}{\mathrm{PH}^2} = \frac{\mathrm{KL}^2}{\mathrm{PK}^2}$$

이 된다. 이제 위 식으로부터

$$F_1 : F_2 = \frac{m\times \text{IH부분의 질량}}{\text{PH}^2} : \frac{m\times \text{KL부분의 질량}}{\text{PK}^2}$$

$$= \frac{m\times \text{IH}^2}{\text{PH}^2} : \frac{m\times \text{KL}^2}{\text{PK}^2}$$

$$= 1 : 1$$

이 되어 $F_1 = F_2$가 된다. 그러므로 IH가 질점 P에 작용한 중력의 크기와 KL이 질점 P에 작용한 중력의 크기가 같고 두 중력은 방향이 반대이므로 IH가 질점 P에 작용한 중력과 KL이 질점 P에 작용한 중력을 방향까지 고려해 더하면 0이 된다. 우리가 선택한 I, H, K, L은 공 표면의 임의의 점들이므로 모든 다른 점들에 대해서도 같은 성질이 성립한다. 그러므로 질량이 모두 표면에 분포되어 있는 공이 그 내부의 질점에 작용하는 중력은 0이 된다.

[정리 14-2]

$a:b=c:d$이고 $e:f=g:h$이면

$$ae:bf=cg:dh$$

이다.

이 정리의 증명은 유클리드의 원론에 나온다. 증명은 간단하다.

$$a:b=c:d$$

이므로 $bc=ad$이고,

$$e:f=g:h$$

이므로 $eh=fg$ 이다. 따라서

$$(bf)\ (cg) = (ae)(dh)$$

가 성립한다. 이것은

$$ae : bf = cg : dh$$

을 의미한다.

[정리 14-3]

질량이 공의 표면에만 분포되어 있고 공의 중심을 S라고 하자. 이 때 공 외부의 질점 P가 받는 중력은 PS의 제곱에 반비례한다.

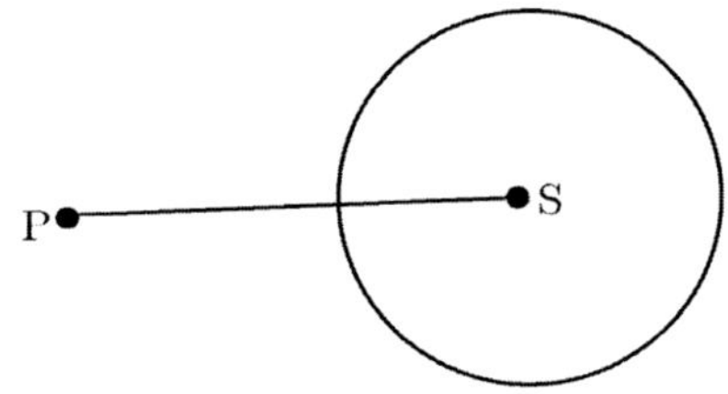

[그림 14.3]

뉴턴은 이것을 증명하기 위해 다음과 같은 두 개의 공의 그림을 생각했다.

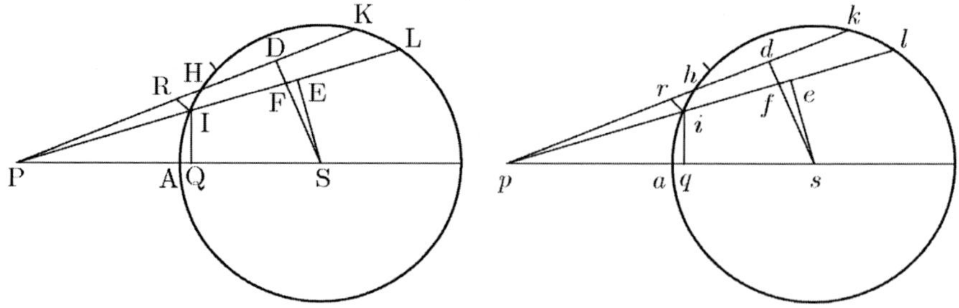

[그림 14.4]

위 그림에서 H와 I는 아주 가까이 붙어 있고 마찬가지로 h와 i도 거의 붙어 있다. 위 그림에서 R은 I에서 선분 PK에 내린 수선의 발이고 r은 i에서 선분 pk에 내린 수선의 발이다. 또한 D, E는 S에서 선분 PK, PL에 내린 수선의 발이고 F는 선분 DS와 선분 PL의 교점이다. 마찬가지로 오른쪽 그림에서 d, e는 s에서 선분 pk, pl에 내린 수선의 발이고 f는 선분 ds와 선분 pl의 교점이다.

H와 I가 거의 붙어 있고, h와 i가 거의 붙어 있으므로

$$\mathrm{HK} = hk$$

$$\mathrm{IL} = il$$

이 성립하고 따라서

$$\mathrm{SD} = sd$$

$$\mathrm{SE} = se$$

이며

$$\mathrm{DF} = \mathrm{SD}\text{-}\mathrm{SE} = sd\text{-}se = df$$

이다.

뉴턴은 HI를 PS 주위로 회전시킨 띠가 질점 P에 작용하는 중력을 생각했다.

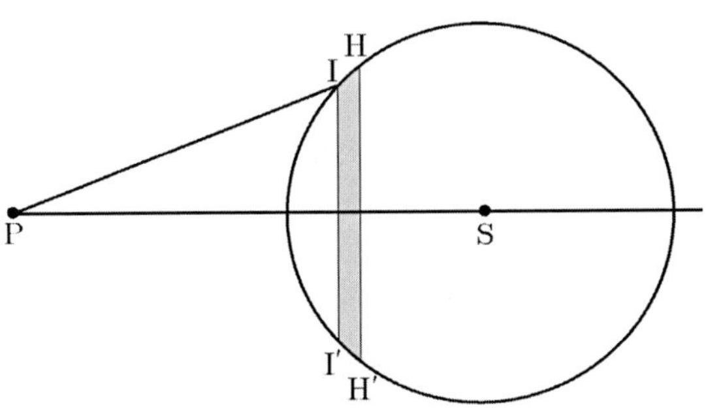

[그림 14.5]

위 그림에서 I′,H′은 I와 H의 선분 PS에 대한 대칭점이다. 이때 질점 P에 HI가 작용하는 중력은 PI^2에 반비례하고 질점 P가 H′I′에 작용하는 중력은 $\mathrm{PI'}^2$에 반비례한다. 질점 P에 HI가 작용하는 중력과 질점 P가 H′I′에 작용하는 중력은 다음 그림과 같이 두 개의 힘으로 분해할 수 있다.

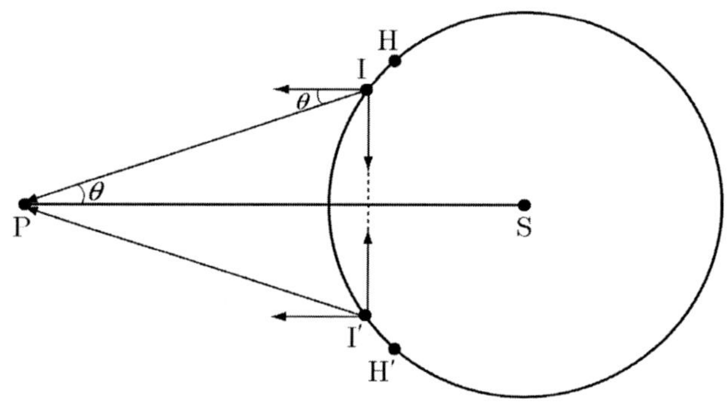

[그림 14.6]

위 그림에서 분해된 힘의 수직 방향은 서로 크기가 같고 방향이 반대이므로 평형을 이루어 두 수직성분의 합은 0이 된다. 그러므로 이제 수평성분만을 고려하면 된다. 즉,

$$(\text{중력의 수평성분}) = (\text{중력}) \times \cos\theta$$

가 된다. 그런데 삼각형 PFS에서

$$\cos\theta = \frac{\mathrm{PF}}{\mathrm{PS}}$$

이므로

$$(\text{중력의 수평성분}) = (\text{중력}) \times \frac{\mathrm{PF}}{\mathrm{PS}}$$

이 된다.

한편 HI를 PS 주위로 회전시킨 띠의 넓이는 높이가 HI이고 반지름이 QI인 원통의 옆넓이가 된다. 여기서 H와 I가 거의 같은 점을 가리키므로 원통이라고 생각해도 관계없다.

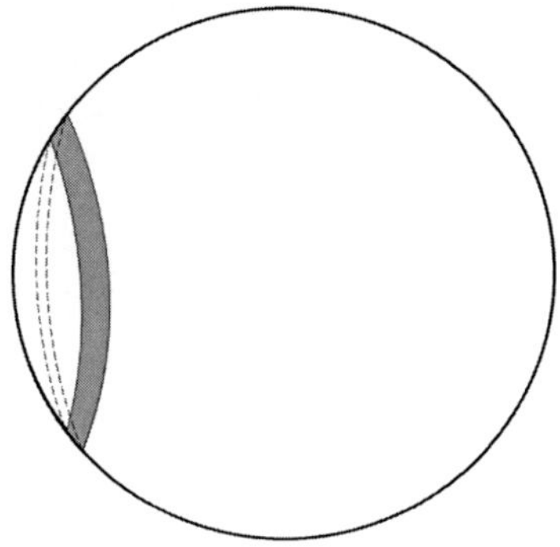

[그림 14.7]

이 원통의 옆넓이는 원둘레와 높이의 곱이므로 원통의 옆 넓이는

$$2\pi \mathrm{QI} \cdot \mathrm{IH}$$

가 된다. 이 띠 부분의 질량은 띠의 넓이에 비례한다. 따라서 왼쪽 그림에서 (중력의 수평성분)을 F라고 하면

$$F \propto \frac{\mathrm{QI} \cdot \mathrm{IH}}{\mathrm{PI}^2} \cdot \frac{\mathrm{PF}}{\mathrm{PS}}$$

가 된다. 오른 쪽 그림에서도 똑같이 생각할 수 있으므로 오른 쪽 그림에서 띠 질점 P가 띠 부분에 작용하는 중력의 수평성분을 f라고 하면

$$f \propto \frac{\mathrm{qi} \cdot \mathrm{ih}}{\mathrm{pi}^2} \cdot \frac{\mathrm{p}f}{\mathrm{ps}}$$

따라서 다음 비례식이 성립한다.

$$F : f = \frac{QI \cdot IH}{PI^2} \cdot \frac{PF}{PS} : \frac{qi \cdot ih}{pi^2} \cdot \frac{pf}{ps}$$

한편 삼각형 PIR과 삼각형 PFD는 서로 닮음이므로

$$PI : PF = RI : DF$$

이다. 마찬가지로 삼각형 pir과 삼각형 pfd는 서로 닮음이므로

$$pi : pf = ri : df$$

이다. 정리 14-2를 이용해 위 두 식의 각 변끼리 곱하면

$$PI \cdot pf : PF \cdot pi = RI \cdot df : DF \cdot ri$$

이 되고, $DF = df$를 이용하면

$$PI \cdot pf : PF \cdot pi = RI : ri = HI : hi$$

가 된다.

또한 삼각형 PIQ와 삼각형 PSE는 닮음이므로

$$PI : PS = IQ : SE$$

가 되고, 오른쪽 그림에서 삼각형 piq와 삼각형 pse는 닮음이므로

$$pi : ps = iq : se$$

가 된다. 정리 14-2를 이용해 위 두 식의 양변을 곱하면

$$PI \cdot ps : PS \cdot pi = IQ \cdot se : iq \cdot SE$$

가 되고, $SE = se$이므로

$$PI \cdot ps : PS \cdot pi = IQ : iq$$

가 된다. 정리 14-2를 이용해 위 두 식의 양변을 곱하면

$$PI^2 \cdot pf \cdot ps : pi^2 \cdot PF \cdot PS = IQ \cdot HI : hi \cdot iq$$

가 된다. 이 식을 분수로 나타내면

$$\frac{IQ \cdot HI}{hi \cdot iq} = \frac{PI^2 \cdot pf \cdot ps}{pi^2 \cdot PF \cdot PS}$$

가 되어,

$$\frac{F}{f} = \frac{pi^2 \cdot ps \cdot PF \cdot QI \cdot IH}{PI^2 \cdot PS \cdot pf \cdot qi \cdot ih}$$

가 되고, 이 식을 정리하면

$$\frac{F}{f} = \frac{ps^2}{PS^2}$$

이 되어,

$$F : f = \frac{1}{PS^2} : \frac{1}{ps^2}$$

이 된다. 그러므로 질량이 공의 표면에만 분포되어 있고 공의 중심을 S라고 하자. 이때 공 외부의 질점 P가 받는 중력은 PS의 제곱에 반비례한다.

[정리 14-4]
중심이 S이 공의 외부에 질점 P가 있다. 공의 질량이 내부와 표면에 골고루 분포할 때 질점 P가 공에 작용하는 중력은 SP^2에 반비례한다.

뉴턴은 정리 14-4를 이용해 속이 꽉 찬 공모양의 물체와 외부의 질점 사이의 중력을 알아냈다. 뉴턴은 속이 꽉 찬 공은 무수히 많은 동심구로 이루어져 있다고 생각했다. 각각의 동심구는 구표면에만 질량이 분포한다. 다음 그림을 보자.

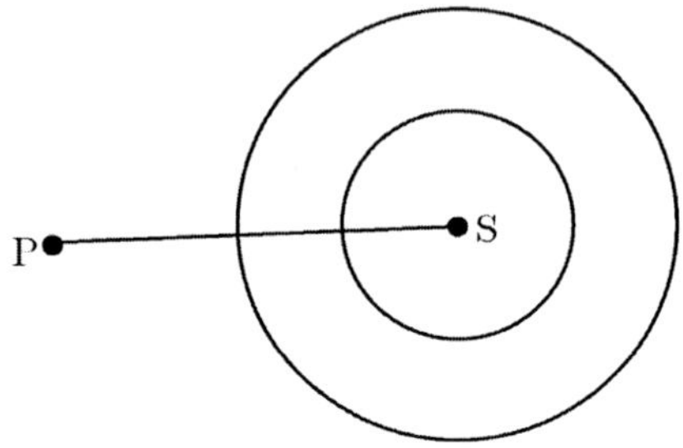

[그림 14.8]

공이 두 개의 동심구로 이루어져 있다고 해보자. 이 때 안쪽 동심구와 외부 질점 P사이의 중력은 SP^2에 반비례하고 마찬가지로 바깥쪽 동심구와 외부 질점 P사이의 중력도 SP^2에 반비례한다. 안쪽 동심구와 외부 질점 P사이의 중력과 바깥쪽 동심구와 외부 질점 P 사이의 중력은 같은 방향이므로 결국 외부의 질점 P가 두 개의 동심구에 작용하는 중력은 SP^2에 반비례한다. 이 방법은 무한 개의 동심구에 적용해도 여전히 성립하므로 무한개의 동심구로 이루어진 공(속이 꽉 찬 공)과 외부 질점 사이의 중력은 SP^2에 반비례한다.

[정리 14-5]

중심이 C_1이고 반지름이 R_1인 속이 꽉 찬 공의 외부에 질점 P_1이 있고 중심이 C_2이고 반지름이 R_2인 속이 꽉찬 공의 외부에 질점 P_2가 있다. 두 공의 밀도가 같고 $C_1P_1 : C_2\ P_2 = R_1 : R_2$일 때 P_1과 중심이 C_1인 공 사이의 중력과 P_2과 중심이 C_2인 공 사이의 중력의 비는 $R_1 : R_2$가 된다.

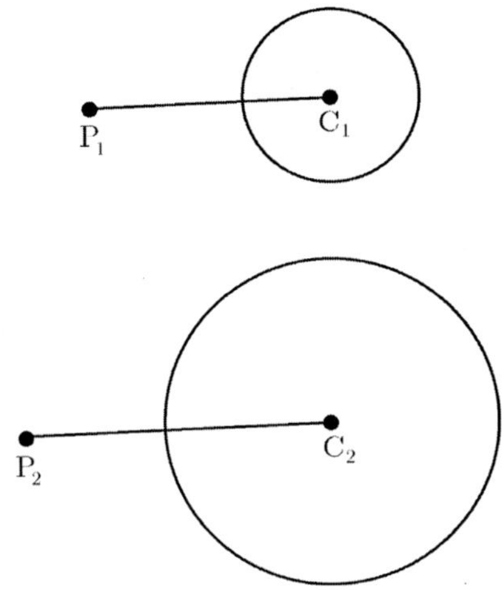

[그림 14.9]

두 공의 밀도가 같으므로 두 공의 질점의 개수를 각각 N_1, N_2이라고 하면 질점의 개수의 비는 두 공의 부피의 비가 된다. 부피는 반지름의 세 제곱에 비례하므로

$$N_1 : N_2 = R_1^3 : R_2^3$$

이 된다. P_1과 중심이 C_1인 공 사이의 중력과 P_2와 중심이 C_2인 공 사이의 중력을 각각 F_1, F_2라고 하자. 이때

$$F_1 \propto \frac{N_1}{\overline{\mathrm{C}_1\mathrm{P}_1}^2}$$

$$F_2 \propto \frac{N_2}{\overline{\mathrm{C}_2\mathrm{P}_2}^2}$$

가 된다. 따라서

$$F_1 : F_2 = \frac{N_1}{\mathrm{C_1P_1^{\,2}}} \ : \ \frac{N_2}{\mathrm{C_2P_2^{\,2}}}$$

가 된다.

$N_1 : N_2 = R_1^3 : R_2^3$이고, $\mathrm{C_1P_1} : \mathrm{C_2P_2} = R_1 : R_2$이므로

$$F_1 : F_2 = \frac{R_1^3}{R_1^2} \ : \ \frac{R_2^3}{R_2^2} = R_1 : R_2$$

가 된다.

[정리 14-6]

임의의 모양의 물체의 외부에 질점 P가 있다. 이 때 이 물체의 질량중심을 G라고 하면 이 물체와 질점 P 사이의 중력의 크기는 GP^2에 반비례한다.

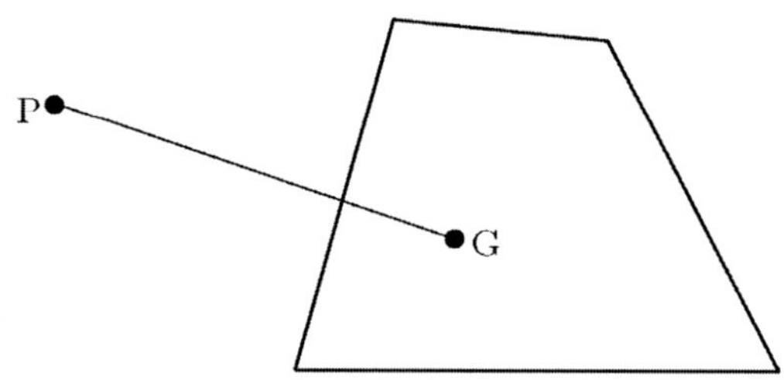

[그림 14.10]

다음 그림과 같이 질량중심이 G가 되는 물체 속의 임의의 두 질점 A, B를 생각하자.

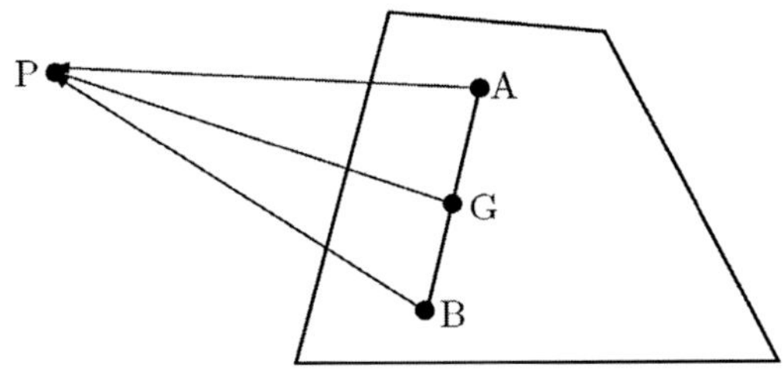

[그림 14.11]

위 그림에서 질점 P가 질점 A에 작용하는 중력은 벡터로 나타내면 $\overrightarrow{AP}$가 되고, 질점 P가 질점 B에 작용하는 중력은 벡터로 나타내면 $\overrightarrow{BP}$가 된다. 다음 그림을 보자.

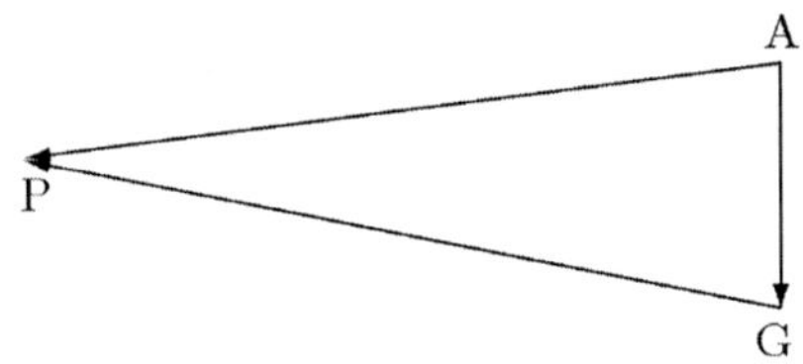

[그림 14.12]

벡터의 덧셈의 정의에 의해

$$\overrightarrow{AP} = \overrightarrow{AG} + \overrightarrow{GP}$$

가 된다. 이번에는 다음 그림을 보자.

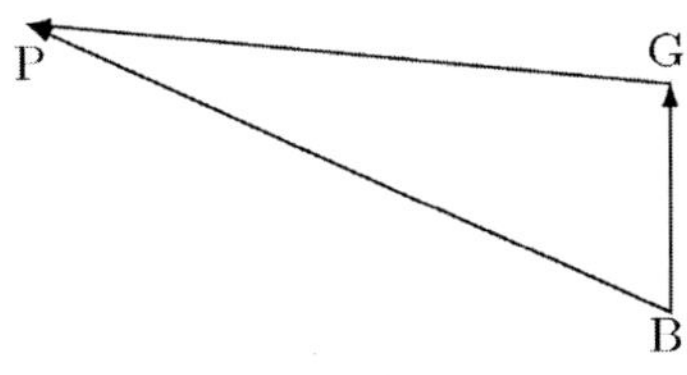

[그림 14.13]

벡터의 덧셈의 정의에 의해

$$\overrightarrow{BP} = \overrightarrow{BG} + \overrightarrow{GP}$$

가 된다. 그런데 G가 A, B의 질량중심이므로

$$\overrightarrow{AG} + \overrightarrow{BG} = 0$$

가 되어, 질점 P가 질점 A, B에 작용하는 중력은 PG방향 성분만 남게 된다. 그러므로 질점 P가 질점 A, B에 작용하는 중력은 PG^2에 반비례한다. 임의의 물체 속의 모든 질점들에 대해 같은 과정을 반복하면 질점 P와 임의의 물체와의 중력은 PG^2에 반비례한다.

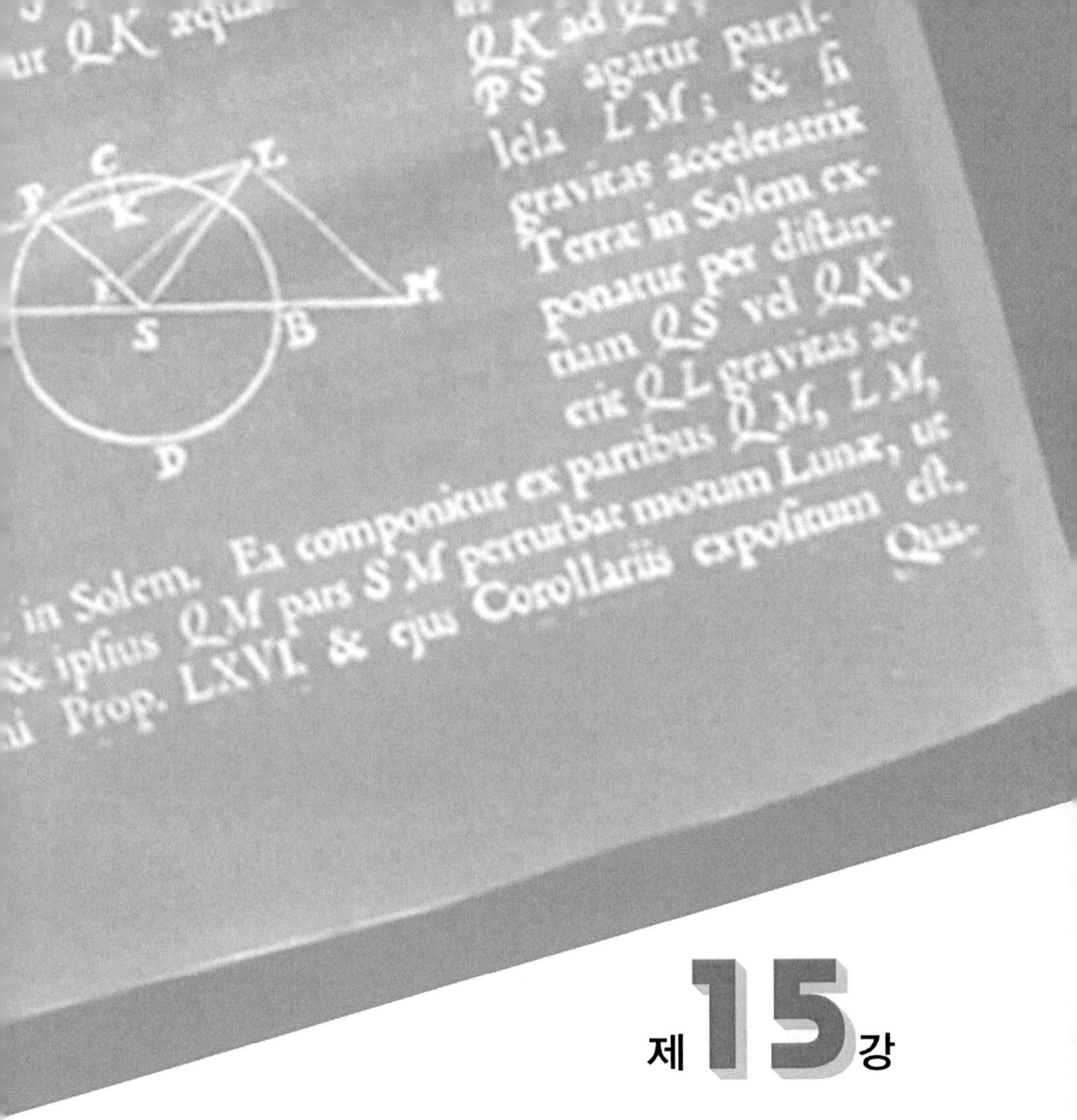

제 15 강

부록

이제 점 Q가 점 P에 한 없이 가까이 가면

$$\frac{QV^2}{PV}=2\frac{CD^2}{CP} \tag{A1}$$

가 된다는 것을 증명하자. 그러기 위해서 점 Q의 좌표를 $Q(x_1, y_1)$, 점 V의 좌표를 $V(x_2, y_2)$라고 하자. 선분 QV는 점 P에서의 접선과 평행하므로 선분 QV의 기울기는 점 P에서 접선의 기울기와 같다. 그러므로 다음 식이 성립한다.

$$\frac{y_2-y_1}{x_2-x_1}=-\frac{x_0b^2}{y_0a^2} \tag{A2}$$

또한 점 V는 직선 CP 위의 점이므로

$$y_2=\frac{y_0}{x_0}x_2 \tag{A3}$$

를 만족한다. 식(A3)을 식(A2)에 넣으면

$$x_2=\frac{x_0^2}{a^2}x_1+\frac{x_0y_0}{b^2}y_1 \tag{A4}$$

$$y_2=\frac{x_0y_0}{a^2}x_1+\frac{y_0^2}{b^2}y_1 \tag{A5}$$

이제 QV의 제곱을 구하면

$$QV^2=(x_2-x_1)^2+(y_2-y_1)^2 \tag{A6}$$

이 된다. 이 식에 식 (A2)를 넣으면

$$QV^2=(x_2-x_1)^2+\left(\frac{x_0b^2}{y_0a^2}\right)(x_2-x_1)^2$$

$$=\left(1+\frac{x_0^2b^4}{y_0^2a^4}\right)(x_2-x_1)^2 \tag{A7}$$

이 된다. 한편

$$PV = \sqrt{(x_2 - x_0)^2 + (y_2 - y_0)^2} \tag{A8}$$

이고, 식 (A4), (A5)을 이용하면

$$\begin{aligned} PV &= \sqrt{(x_2 - x_0)^2 + (\frac{y_0}{x_0}x_2 - y_0)^2} \\ &= \sqrt{\left(1 + \frac{y_0^2}{x_0^2}\right)(x_0 - x_2)^2} \\ &= \sqrt{1 + \frac{y_0^2}{x_0^2}}\ (x_0 - x_2) \end{aligned} \tag{A9}$$

그러므로

$$\frac{QV^2}{PV} = \frac{1 + \dfrac{x_0^2 b^4}{y_0^2 a^4}}{\sqrt{1 + \dfrac{y_0^2}{x_0^2}}} \times \frac{(x_2 - x_1)^2}{x_0 - x_2} \tag{A10}$$

이 된다. 한편 점 Q는 타원위의 점이므로

$$\frac{x_1^2}{a^2} + \frac{y_1^2}{b^2} = 1 \tag{A11}$$

이 되고, 이 식을 다시 쓰면

$$y_1 = b\sqrt{1 - \frac{x_1^2}{a^2}} \tag{A12}$$

이 된다. 그러므로 식(A4)는 다음과 같이 바뀐다.

$$x_2 = \frac{x_0^2}{a^2}x_1 + \frac{x_0 y_0}{b}\sqrt{1 - \frac{x_1^2}{a^2}} \tag{A13}$$

이제 식(A10)에서

$$\frac{(x_2-x_1)^2}{x_0-x_2}=\frac{\left(-\frac{y_0^2}{b^2}x_1+\frac{x_0y_0}{b}\sqrt{1-\frac{x_1^2}{a^2}}\right)^2}{x_0-\frac{x_0^2}{a^2}x_1-\frac{x_0y_0}{b}\sqrt{1-\frac{x_1^2}{a^2}}} \tag{A14}$$

이 된다. 이제 점 Q가 점 P에 한없이 가까워질 때 $\frac{(x_2-x_1)^2}{x_0-x_2}$의 극한을 구해보자. 이 때 분자와 분모 모두 0에 가까워진다. 점 Q가 점 P에 한없이 가까워지면 x_1이 x_0에 한없이 가까워지므로

$$\lim_{x_1\to x_0}\frac{(x_2-x_1)^2}{x_0-x_2}=\lim_{x_1\to x_0}\frac{\left(-\frac{y_0^2}{b^2}x_1+\frac{x_0y_0}{b}\sqrt{1-\frac{x_1^2}{a^2}}\right)^2}{x_0-\frac{x_0^2}{a^2}x_1-\frac{x_0y_0}{b}\sqrt{1-\frac{x_1^2}{a^2}}} \tag{A15}$$

을 구하면 된다. 이제 로피탈의 정리를 이용하자. 즉 분자와 분모를 x_1으로 미분하면

$$\lim_{x_1\to x_0}\frac{(x_2-x_1)^2}{x_0-x_2}=\lim_{x_1\to x_0}$$
$$\frac{2\left(-\frac{y_0^2}{b^2}x_1+\frac{x_0y_0}{b}\sqrt{1-\frac{x_1^2}{a^2}}\right)\left[-\frac{y_0^2}{b^2}-\frac{x_0y_0x_1}{a^2b}\left(1-\frac{x_1^2}{a^2}\right)^{-1/2}\right]}{-\frac{x_0^2}{a^2}+\frac{x_0y_0x_1}{a^2b}\left(1-\frac{x_1^2}{a^2}\right)^{-1/2}} \tag{A16}$$

이 된다. 다시 $\frac{0}{0}$꼴의 극한이므로 로피탈의 정리를 한 번 더 사용하자. 다음과 같이 치환하자.

$$X=-\frac{y_0^2}{b^2}x_1+\frac{x_0y_0}{b}\sqrt{1-\frac{x_1^2}{a^2}} \tag{A17}$$

$$\lim_{x_1 \to x_0} \frac{(x_2 - x_1)^2}{x_0 - x_2}$$

$$= \lim_{x_1 \to x_0}$$

$$\frac{2X'\left(\frac{y_0^2}{b^2} + \frac{x_0 y_0 x_1}{a^2 b}\left(1 - \frac{x_1^2}{a^2}\right)^{-1/2}\right) + 2X\frac{x_0 y_0}{ba^2}\left[\left(1 - \frac{x_1^2}{a^2}\right)^{-1/2} + \frac{x_1^2}{a^2}\left(1 - \frac{x_1^2}{a^2}\right)^{-3/2}\right]}{-\frac{x_0 y_0}{a^2 b}\left[\left(1 - \frac{x_1^2}{a^2}\right)^{-1/2} + \frac{x_1^2}{a^2}\left(1 - \frac{x_1^2}{a^2}\right)^{-3/2}\right]}$$

$$= \frac{-2}{\left(-\frac{x_0 b^2}{y_0^2 a^2}\right)}$$

$$= \frac{2y_0^2 a^2}{x_0 b^2} \tag{A18}$$

이 계산에서 우리는 다음 관계식을 이용했다.

$$\left(1 - \frac{x_0^2}{a^2}\right)^{-1/2} = \frac{b}{y_0} \tag{A19}$$

그러므로

$$\frac{\mathrm{QV}^2}{\mathrm{PV}} = \frac{1 + \frac{x_0^2 b^4}{y_0^2 a^4}}{\sqrt{1 + \frac{y_0^2}{x_0^2}}} \times \frac{2y_0^2 a^2}{x_0 b^2}$$

$$= 2\frac{\frac{a^2}{b^2}y_0^2 + \frac{b^2}{a^2}x_0^2}{\sqrt{x_0^2 + y_0^2}} \tag{A20}$$

여기서 $\mathrm{CD}^2 = \frac{a^2}{b^2}y_0^2 + \frac{b^2}{a^2}x_0^2$, $\mathrm{CP} = \sqrt{x_0^2 + y_0^2}$ 이므로

$$\frac{\mathrm{QV}^2}{\mathrm{PV}} = 2\frac{\mathrm{CD}^2}{\mathrm{CP}} \tag{A21}$$

가 얻어진다.

정 완 상

- 1985년 서울대학교 무기재료공학과 졸업
- 1992년 한국과학기술원(KAIST)에서 2차원 초중력 이론으로 이론물리학 박사학위 취득
- 1992년부터 현재까지 국립경상대학교 기초과학부 물리학전공 교수로 재직
- 주요 연구 분야는 초중력 및 초끈이론과 양자 대칭성이론으로 수학과 물리학의 국제학술지에 120여 편의 논문을 발표
- 2000년에는 진주 MBC에서 생방송으로 〈생활속의 과학〉 코너 진행
- 2011년에는 EBS에서 '과학의 역사' 20회 강의
- 그동안 지은 책 : 『아인슈타인이 들려주는 상대성원리 이야기』, 『퀴리 부인이 들려주는 방사능 이야기』, 『과학공화국 물리법정』, 『갈릴레이가 다시 쓰는 이상한 나라의 앨리스』, 『과학방송국』, 『수학탐정 매키와 누팡』 등 100여 권이 있으며 그 중 네 권이 과학기술우수도서로 지정되었음.

누구나 읽을 수 있는
뉴턴의 프린키피아

초판 인쇄 / 2015년 2월 10일
초판 2쇄 발행 / 2023년 5월 30일

지은이 / 정완상
펴낸이 / 오판근
펴낸곳 / 교우사

주소 / 서울특별시 동대문구 약령시로 8 교우빌딩 2층
전화 / 02)925-2861(대표), 02)925-2825(편집부), 02)969-5762(홈쇼핑)
팩스 / 02)925-2860
이메일 / kyowoo@kyowoo.co.kr
홈페이지 / http://www.kyowoo.co.kr
등록번호 / 1994년 3월 24일 제6-0256호

ISBN 979-11-251-0084-3 (03400)

값 **14,000**원

과학정원은 교우사의 새로운 브랜드명입니다.